水产养殖与安全科普丛书

真假水产品

ZHENJIA SHUICHANPIN

王彦波 王丽霞 张岩 等 著

科学普及出版社
·北京·

图书在版编目(CIP)数据

真假水产品 / 王彦波等著. —北京 ：科学普及出版社，2015. 10
(水产养殖与安全科普丛书/王彦波主编)
ISBN 978 - 7 - 110 - 09253 - 8

Ⅰ. ①池… Ⅱ. ①王… Ⅲ. ①水产品加工 Ⅳ. ①S98

中国版本图书馆 CIP 数据核字(2015)第 250413 号

选题策划 王晓义
责任编辑 王晓义
封面设计 孙雪骊
责任校对 杨京华
责任印制 张建农

出版发行 科学普及出版社
地 址 北京市海淀区中关村南大街 16 号
邮 编 100081
发行电话 010 - 62103130
传 真 010 - 62179148
投稿电话 010 - 62176522
网 址 http://www.cspbooks.com.cn

开 本 787mm × 1092mm 1/32
字 数 110 千字
印 张 6.375
印 数 1—2000 册
版 次 2015 年 11 月第 1 版
印 次 2015 年 11 月第 1 次印刷
印 刷 北京京华虎彩印刷有限公司

书 号 ISBN 978 - 7 - 110 - 09253 - 8/S · 556
定 价 25.00 元

著者名单

王彦波　浙江工商大学

傅玲琳　浙江工商大学

沈宇标　浙江工商大学

周　莉　浙江工商大学

刘福奇　浙江工商大学

汤旭翔　浙江工商大学

董柳青　浙江大学

张　岩　河北省食品检验研究院

王丽霞　河北省食品检验研究院

刘　东　河北省食品检验研究院

乔　炜　河北省食品检验研究院

马爱进　中国标准化研究院

刘　源　上海海洋大学

孙　勇　北京食品科学研究院

李学鹏　渤海大学

戴炳业　中国农村技术开发中心

刘　鹏　东营市标准化信息所

张　蕾　浙江科技学院

卢晓宇　北京出入境检验检疫局

序　言

水产品是食物的重要组成部分，对于人类获取优质蛋白具有重要的现实意义。我国水产品总产量自 1990 年起一直雄踞世界第一位。据统计，2013 年我国人均水产品占有量为 45.4 千克，是世界平均水平的 2.3 倍。水产品在提高生活水平和满足消费者需求的同时，安全隐患也逐渐增多，甚至真假水产品难辨，食品安全事件时有发生。“民以食为天，食以安为先”，在今天已经不再是口号了，而成为大众的共识和共行。究其原因，不少食品安全热点问题并不真正源于食品安全事件本身，而是科学真相与消费者现有认知之间形成了信息真空地带，导致了公众对食品安全的忧虑和恐慌。随着消费者对水产品等食品安全的高度关注，让消费者能看懂的水产品相关知识就显得尤为重要。这对于促进社会水产品安全基本认知的形成，营造社会关注包括水产品在内的食品安全，参与安全保障的良好氛围同样具有重要的意义。

在这样的背景下，《真假水产品》采用通俗易懂的语言，通过图文并茂的形式为读者呈现水产品相关的知识，具有独有的特色。《真假水产品》包括个性的体验、天然毒素知多少、检验——火眼金睛以及真假水产品4个章节，主要内容涉及水产食品的色、香、味、形；天然毒素中的河豚毒素、西加毒素、贝类毒素和肽类毒素的特性与预防；水产品检验中涉及的水产品标准，感官检验、物理检验、常规化学检验、新鲜度测定、微生物检测知识；如何选购质优水产品，如何选购干制水产品，如何选购鱼糜制品以及其他水产品的选购等内容。作为一本科普书，科学性融入了趣味性，对于消费者更科学地了解水产品具有积极的作用，我愿意向大家推荐本书。

中国工程院院士　庞国芳

2015年5月6日

前　言

水产食品是农产品的一个重要组成部分，在国民经济中占有重要的地位，对于丰富国民的菜篮子，改善人们的生活质量正发挥愈来愈大的作用，已成为人类动物性蛋白质的重要来源。我国已经成为名副其实的水产大国，水产食品总产量连续 20 余年位居世界第一位，出口额也连续 10 余年居我国大宗农产品出口首位，世界水产养殖总产量的 70% 来自中国。

随着生活水平的提高和营养健康意识的加强，水产食品安全越来越得到人们的关注和重视。然而，水产食品安全事件仍时有发生，安全形势仍不容乐观，如福寿螺致病事件、大闸蟹致癌问题、多宝鱼风波、鱿鱼甲醛残留恐慌以及抗生素残留等，不仅给水产行业本身健康持续发展带来严重的影响，而且也损害了消费者的利益和健康。

为什么会出现以上安全事件呢？除了不法生产者和不良商贩的主观故意以外，消费者相关知识的欠缺、检测和控制技术的不完备、产品相关标准的不完善与监管不力等也是重要诱因。因此，普及传播水产食品知识、完善相关技术和标准已经迫在眉睫，具有重要的行业和市场需求。

尽管古人有云“拼死吃河豚”，但是有的消费者由于并不了解河豚中天然河豚毒素的相关知识和危害还是置若罔闻，从而导致河豚鱼中毒事件时有发生。此外，还有西加毒素、贝类毒素、小肽毒素等多种天然毒素同样可以对人们的健康带来威胁。因此，必须要充分的认识和了解食品中的毒素。

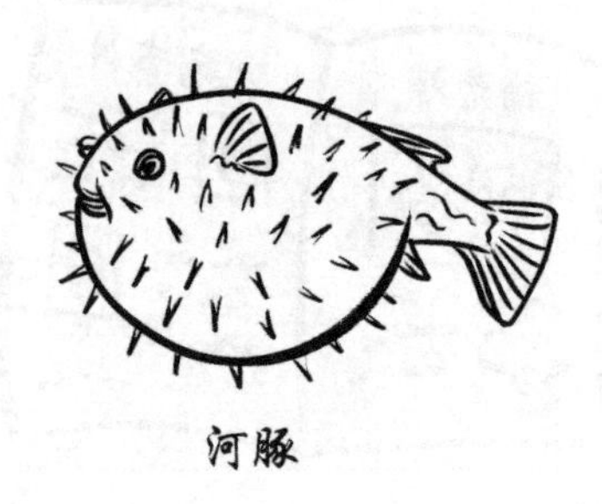

河豚

《西游记》中记载的齐天大圣孙悟空有着不同寻常的火眼金睛，可以分辨出“妖精”。我们水产食品的安全保障也需要这样的“眼睛”，来分辨“真假水产品”。这“眼睛”就是我们的检验技术和方法，依据水产食品标准，开展感官检验、物理检验、常规化学检验、新鲜度测定和微生物检测。

感官检验，顾名思义，就是利用我们的感觉器官来评价水产品的新鲜度。它可以包括视觉检验、嗅觉检验、味觉检验和触觉检验等。比如，检测一条大黄鱼的新鲜度，我们可以从大黄鱼气味、鱼眼透亮度、体表黏液、肌肉颜色、鳞片完整性、腹部膨胀度等方面着手。

物理化学分析往往是联在一起的，根据水产食品的物理和化学特性来评价新鲜度和可食用性，以判断是否符合相关标准。其中，物理指标主要包括酸碱度（pH值)、色度、硬度等，化学指标则包括挥发性盐基氮、新鲜度K值等。在理化分析中，我们常常会用到一些叫做质构仪、色差计、高效液相色谱仪的仪器。

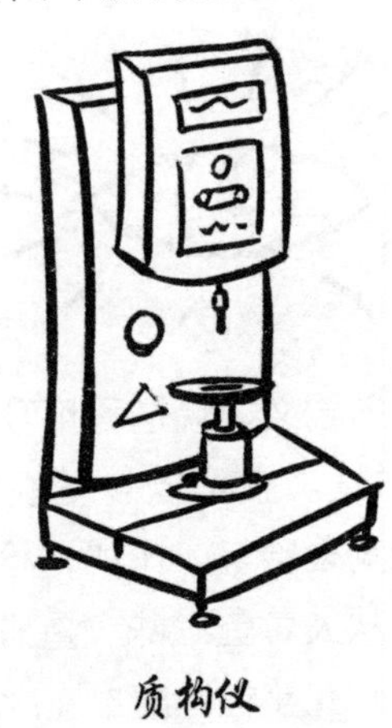

质构仪

微生物检测则是运用微生物学的理论与方法，检验水产食品中微生物的种类、数量、性质等，以判别被检测水产品是否符合质量标准中微生物的要求。在水产食品中常需要检测的微生物指标主要包括菌落总数、大肠菌群、沙门氏菌、志贺氏菌、副溶血性弧菌、金黄色葡萄球菌、霉菌等。

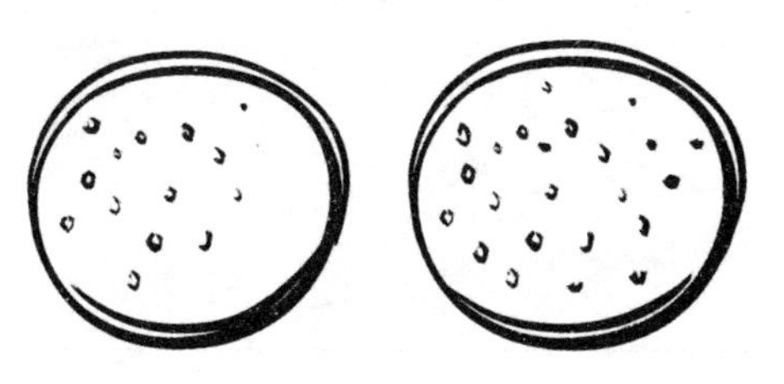

水产食品检测的技术和方法离不开相关的仪器和设备。随着整体工业工程技术和材料科学的发展，结合现代生物技术、纳米技术和信息技术等的出现，水产食品检验学在理论和实践方面都得到了快速的充实和完善，一些新的更为快捷和准确、便宜和简单的方法和手段不断涌现，为保障水产食品安全奠定了必不可少的基础条件。

目　　录

第一章　个性的体验

第一节　色 ………………………………… 1
第二节　香 ………………………………… 21
第三节　味 ………………………………… 30
第四节　形 ………………………………… 37

第二章　天然毒素知多少

第一节　河豚毒素 ………………………… 49
第二节　西加毒素 ………………………… 61
第三节　贝类毒素 ………………………… 72
第四节　肽类毒素 ………………………… 86

第三章　火眼金睛的检验

第一节　水产品标准 ……………………… 98
第二节　感官检验 ………………………… 107
第三节　物理检验 ………………………… 115
第四节　常规化学检验 …………………… 126
第五节　新鲜度测定 ……………………… 132
第六节　微生物检测 ……………………… 146

第四章　水产品选购策略

第一节　如何选购质优水产品 ························ 152
第二节　如何选购干制水产品 ························ 163
第三节　如何选购鱼糜制品 ························· 175
第四节　其他水产品的选购 ························· 186

第一章 个性的体验

第一节　色

人们往往从色、香、味、形等方面来评价一种食物，其中“色”排在了首位。的确，对于绝大多数人来说，总是偏爱色彩鲜艳的食物。最近研究发现，其主要原因是因为这类食物可以在视觉上带给我们一种愉悦感，由此可以激起人们的食欲。因此，色彩同样也成了评价水产食品优劣的一种指标。

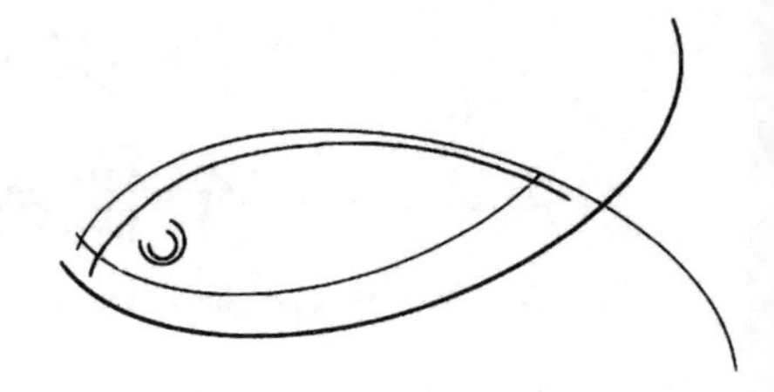

水产食品在加工贮藏过程中，其色彩通常会有所改变。许多水产品一旦冻结，色泽就会发生较为明显的变化，随着冷冻时间的延长，色泽的变化度也会越来越大。分析原因，主要与水产食品中含有的肌肉色素、血色素和表皮色素等自然色素的分解有关。

与新鲜水果和蔬菜一样，鱼、虾、贝类在冷藏、干燥、加热的过程中也非常容易发生一种叫做“褐变”的色泽变化。这些水产食品变色的反应机制是复杂的，不单单是一种单一的反应机制，往往存在着几种不同的反应。下面就让我们一起去了解水产食品的“色”变吧！

褐变

一般，鱼肉色素的主体成分是肌红蛋白，也存在少量的血红蛋白，这两种物质的化学性质相似，现以含量较多的肌红蛋白为例加以说明。新鲜红色肉鱼的肉色鲜红，但在常温或低温条件下贮藏时，颜色会逐渐变暗，并慢慢成为褐色。主要原因是鱼肉色素中的肌红蛋白被氧化产生氧化肌红蛋白，也就是肌红蛋白血红素中的二价铁离子被氧化成三价铁离子，产生褐色正铁肌红蛋白。

肌红蛋白

温度、酸碱度（pH）、氧分压、盐、不饱和脂肪酸等均会影响肌红蛋白的氧化速度，其中影响最显著的是温度。有报道称，金枪鱼等红色肉鱼类在－35℃下贮藏时可以有效预防其肉色发生褐变。但褐变的进程也受冻结、解冻时各种外界环境和处理条件的影响。现有的研究表明，鱼肉在冻结过程中血红色发生变化的原因可能是由于肌肉的 pH 值降低或是盐类浓度过高引起的。

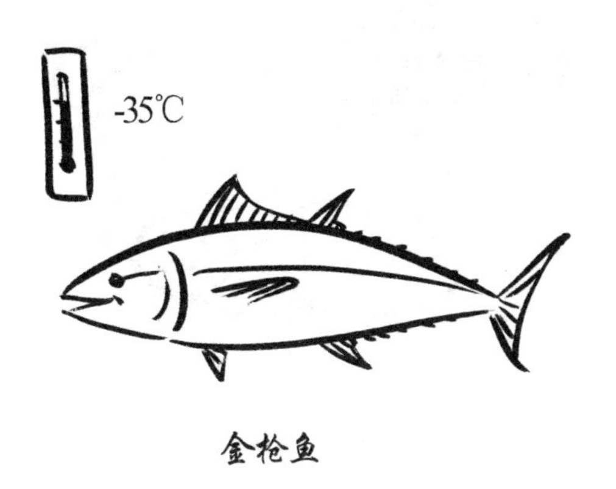

金枪鱼

红色肉鱼类经过加热肉色会呈现为红色、粉色或暗褐色等颜色，具体呈现哪种颜色会因不同鱼类品种而异。有研究指出，这是因为加热导致肉肌红蛋白中的珠蛋白部分变性，以致加热前与水分子结合着的血红素中铁的配位键被肉中微量存在着的烟酰胺等碱基所取代。

一些鱼，如冷冻旗鱼，在冷冻贮藏过程中鱼肉会逐渐变绿。这种变色往往出现在皮下部位，并且带有异臭。发生这种现象主要是由于鱼肉在贮藏过程中微生物繁殖，导致硫化氢产生，硫化氢与鱼肉中的肌红蛋白和血红蛋白结合产生了绿色的硫肌红蛋白和血红蛋白。

旗鱼

牡蛎等贝类罐头中的肉质有时也会出现变绿现象。这主要是因为浮游饵料生物中的叶绿素分解物在肠腺中积累，在对罐头进行加热杀菌的过程中，这些叶绿素分解物会渗入肉中，与铜离子结合，生产浓绿色的铜化合物。对食用这种变绿的贝类肉是否会中毒尚无充分研究。

蟹肉的蓝变一般发生在罐头制造的加热处理过程中。发生蓝变的蟹肉往往呈淡蓝色至黑蓝色。此种罐头中所使用的蟹某些部位的肉（如近关节的棒肉两端）会有浓蓝色的斑点，它一般是由含铜的血蓝蛋白形成的。一般而言，老蟹、大蟹和新鲜度低下的蟹肉更容易变蓝。

鲑、鳟等鱼在冷冻、盐藏、罐头制造过程中颜色会越来越浅，这是因为以虾青素为主的红色胡萝卜发生异构与氧化。鲷类等红色鱼在冷藏过程中表皮会逐渐褪色，其起因也如上所述。研究表明，添加抗氧化剂可以有效预防盐藏大马哈鱼的褪色。这说明氧化与褪色是有一定关系的。

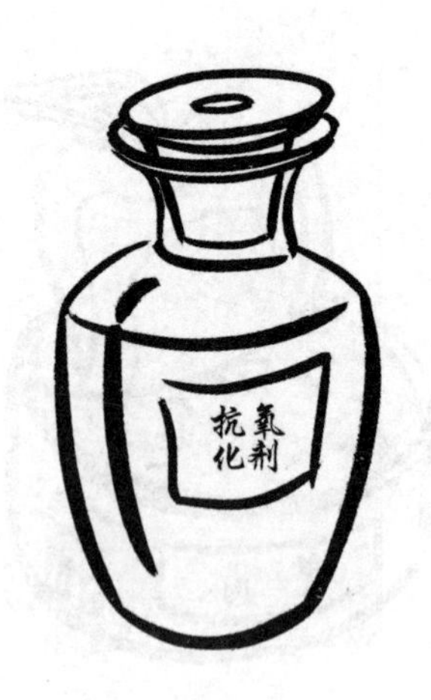

类胡萝卜素是一种脂溶性色素，能透过组织中的油脂，并渗透到其他不含色素的组织中。鲱、鲭等多脂鱼，与鱼皮相接部分的肌肉在冷冻贮藏过程中也会出现黄变现象。据研究，这主要是因为本来存在于鱼皮中的黄色类胡萝卜素溶解于肉中脂质，再在贮藏过程中慢慢向肌肉扩散的缘故。

灌装牡蛎也有黄变的现象。牡蛎的肝脏中含有类胡萝卜素。当牡蛎水煮罐头在室温下长期贮藏时，类胡萝卜素能转移到肌肉中，导致肉部分的颜色从原来的白色向橙黄色转变。冷冻虾的爪肉部分脂肪较多，所以这部分很容易引起黄变。这种现象是因为油脂形成的氧化物能把类胡萝卜素氧化而生成黄色物质。

虾类死后，其体内会发生一系列的化学变化，在外观上的主要表现为从新鲜时的正常青色或者藏青色逐渐失去光泽，并变为红色甚至黑色。这就是我们常提到的虾类在冷冻加工及贮藏过程中的黑变。虾的黑变是怎样产生的呢？有效预防黑变对于生产具有重要的意义。

黑变出现的主要部位是虾的头、胸、足、关节和尾部。虾的黑变会导致其商品价格偏低。这种现象产生的主要原因是空气中的氧在氧化酶（酚酶、酚氧化酶等）的催化作用下使虾体内的络氨酸酶氧化并进一步聚合而产生黑色素，从而使虾体局部变黑，又称为“酶促褐变”。

在加工过程中为了防止冷冻虾的黑变，常采取去头、内脏以及洗去血液等措施后再冻结，冷藏过程中也可采用真空包装法来进行贮藏。另外，还可以用水溶性抗氧化剂溶液浸渍后冻结，再用此溶液包冰衣后贮藏。实践证明，这种方法也可以取得较好的防黑变效果。

鱼肉中存在的色素不仅会变色，而且有时在加工贮藏过程中也会生成一些着色物质而使鱼肉变色。这类变色主要是由叫做“美拉德反应”和“油浇等非酶褐变”造成的。美拉德反应是糖与蛋白质的反应，也是氨基与羰基的反应，所以只要食品中糖和蛋白质同时存在就可能会发生这种反应。

例如，冷冻鳕鱼肉的褐变是因为鳕鱼死后肉中的核酸物质反应生成核糖，然后再与氨化合物反应发生褐变。冷冻扇贝的黄色变化、鲣鱼罐头的橙色肉等都属于美拉德反应的变色。在鱼贝肉非酶褐变中起重要作用的还有“油浇”。油浇是脂质在加工贮藏中被氧化而生成羰基化合物，再与含氮化合物反应产生红褐色变色现象。

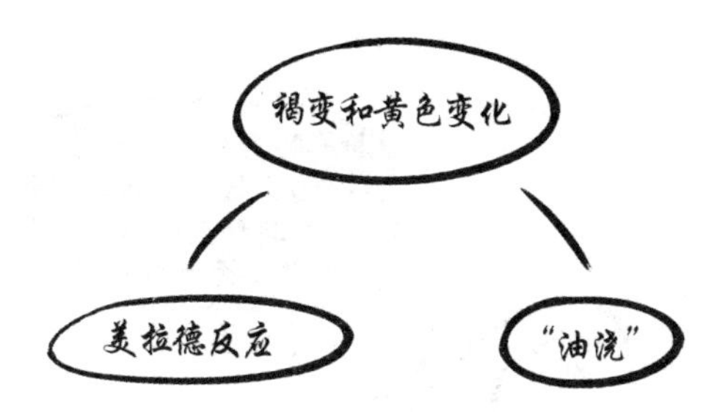

新鲜的乌贼、鱿鱼等软体动物的体表色泽均匀，但随着贮藏期的延长和新鲜度的降低，体表也会逐渐变成白色。造成这种现象的主要原因是软体动物新鲜时的色素细胞松弛，黑褐色斑点均匀分布在体表面。而在贮藏过程中随着鲜度的下降，色素细胞也会逐渐收缩，当新鲜度继续降低时，色素细胞中的眼色素溶出细胞并向外扩散，使肉中的褐色斑点消失，从而导致体表颜色发白。

鱼贝类干制品的表面通常会析出一些白色的粉末，这些是具有一定营养性或一定生理活性的物质。干鲍鱼和干鱿鱼表面白斑的主要成分是牛磺酸。这是一种具有降血压等多种功能的含硫氨基酸，此外，还含有甜菜碱、谷氨酸钠、组氨酸等成分。干群带菜、干海带等表面白色粉末的主要成分是甘露醇，也是一种十分重要的生理活性物质。

因此，无论是何种水产品，在贮藏过程中，体表颜色或者内部颜色都会发生一些变化。而这些变化有些是有益的，可以提供给我们更为喜欢的色泽和丰富的物质，有些则是水产食品变质的标志，可以充分利用这种色泽变化来分辨水产食品的优劣。

第二节　香

气味是物体本身或其散发的味道，食品的气味与色泽、质构、口感一起，构成了衡量食品品质优劣的重要因素。我们习惯用“香”来表示好闻的气味。用“臭”来表示讨厌的气味。而在描述鱼贝类的气味时，则会加上一个“腥”字，如“鱼腥味”、“腥臭味”等。

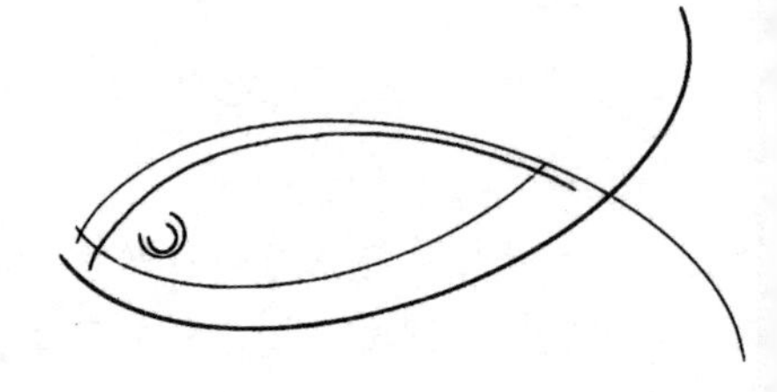

众所周知，大多数鱼都带有鱼腥味。其实，很多鱼刚从海上捕获时是不带气味的，有些淡水鱼甚至还散发着一股清淡的植物性气味，如香鱼和瓜鱼就具有与青瓜或香瓜类似的芳香气味。随着贮藏时间的延长，鱼的新鲜度会逐渐下降，特殊的“鱼腥味”便慢慢产生了。

香鱼

鱼腥味大致可分为海水鱼气味和淡水鱼气味，从鱼贝类等生鲜品捕获开始一直到腐败为止，其气味会随着新鲜度的降低逐渐发生变化。已知的鱼腥味成分主要是肽类、挥发性含硫化合物、挥发性低级脂肪酸、挥发性羰基化合物等。这些挥发性物质的不同组合，便构成了鱼类的各种气味。

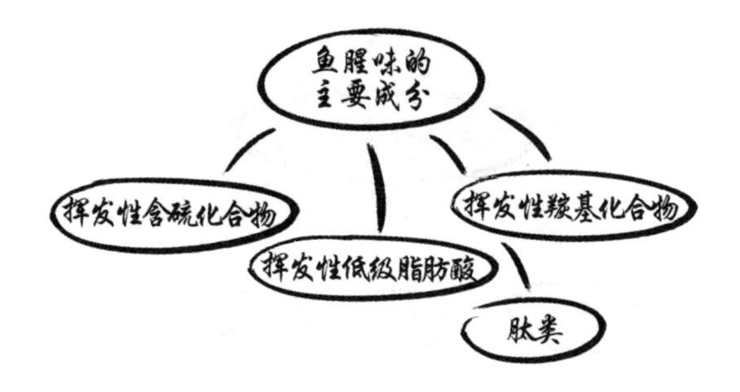

鱼贝类也会因为加工和调理方法的不同而呈现不同的气味。由此可见，每种水产品的风味因新鲜程度和加工条件的不同而丰富多彩。鱼的新鲜度不同可以导致鱼的气味之间存在很大区别，当鱼发生腐败变质时，还会产生难闻的胺臭味。这种臭味的主要成分是氨、二甲胺（DMA）、三甲胺（TMA）等胺类化合物。

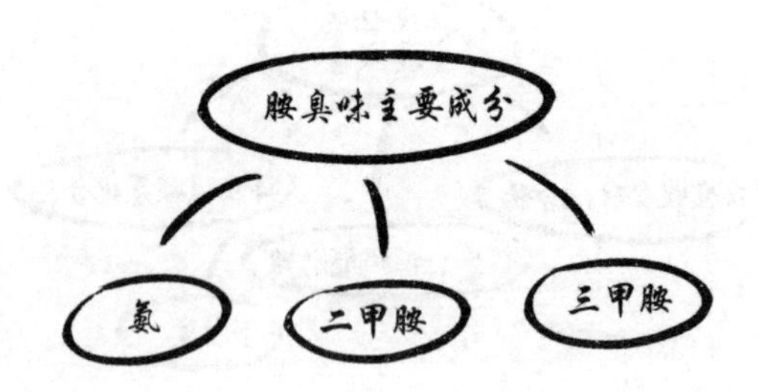

这些胺类化合物是怎么生成的呢？腺嘌呤核糖核苷酸（AMP）在酶的催化作用下生成肌苷酸（IMP），同时产生氨；在脱氧氨酶的作用下，游离的氨基酸与蛋白质肽链上的氨基酸残基也会产生氨；鱼贝类中含有的氧化三甲胺（TMAO）在微生物酶的作用下也可以生成三甲胺和二甲胺。

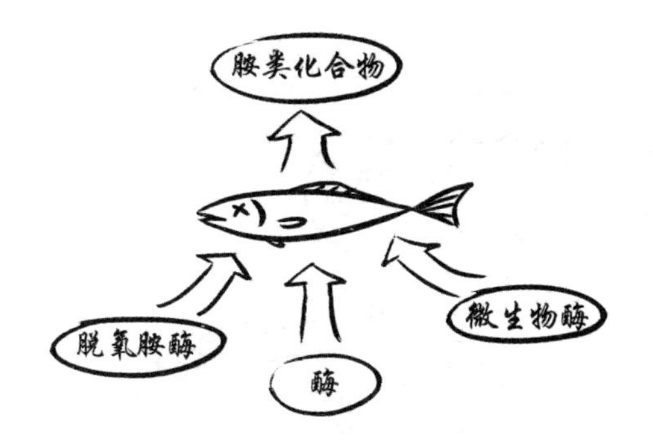

纯净的三甲胺仅有氨的气味，并没有腥臭味，在新鲜的鱼中并不存在。但当它与存在于鱼皮黏液内的δ－氨基戊酸和六氢吡啶类化合物共同存在时则使鱼腥味有了明显的增加。因为海水鱼中含有大量的TMAO，尤其是白色的海水鱼中含量更高，而淡水鱼中的含量则较少。这也是我们往往会觉得海水鱼的腥味比淡水鱼更为浓烈的原因所在。

冷冻鱼与新鲜鱼比较，基本成分相同，只是冷冻鱼羰基化合物的脂肪酸含量比新鲜鱼偏高。日常生活中食用的鱼干会散发一种霉味。这些霉味的产生主要是因为鱼类脂肪在自动氧化过程中会产生丙醛、异戊醛、丁酸、异戊酸等物质。由此可见，可根据气味对新鲜鱼和冷冻鱼进行区分。

熟鱼与新鲜鱼的差别在于，熟鱼具有一种新鲜鱼所不具备的特殊香气。这是由熟鱼中的挥发酸、含氮化合物的羰基化合物含量增加而产生的。而香气的形成途径主要是通过美拉德反应、氨基酸降解、脂肪酸的热氧化降解以及硫胺素的热解等系列反应。当我们采用不同加工方法的时候，也会形成独有的产品香气特征。

烤鱼和熏鱼的香气与烹调鱼不同。如果在烘烤鲜鱼时不加任何调味品，那么香气主要是来源于鱼皮及部分脂肪、肌肉在加热条件下发生的非酶褐变等，香味淡薄；如果事先在鱼体表面涂上调味料，那么在烘烤过程中，酒精、酱油、糖也会参与受热反应，羰基化合物和其他风味物质的含量就明显增加，风味较浓。

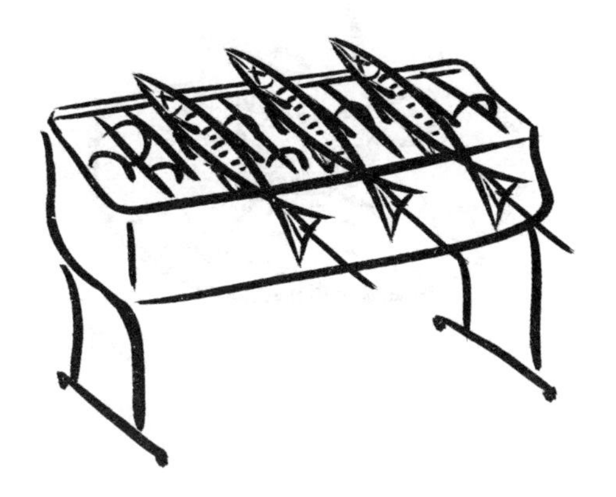

第三节 味

美味的食物总是能轻而易举地俘获消费者的胃。众所周知，我们的味觉器官不仅能品尝到各种食物的滋味，同时还能敏感地察觉到食物滋味极轻微的变化。那么水产食品等的“味”是怎么产生的呢？我们又如何根据水产食品的“味”来判断其品质呢？

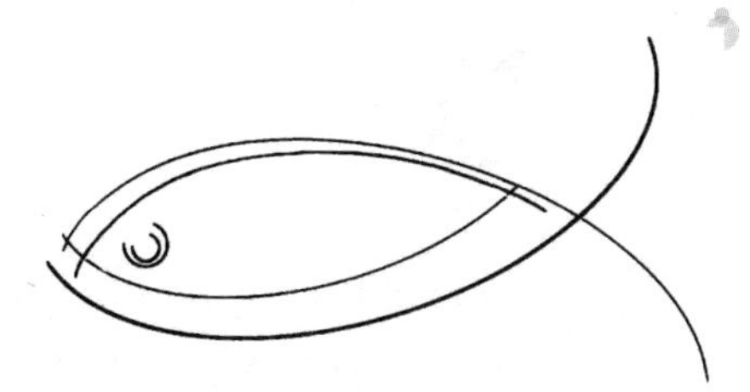

我们从食品中品尝到的味道主要是其所含有的游离氨基酸、低相对分子质量的肽类及其核苷酸关联化合物等成分。比如，我们都知道新鲜的鱼肉吃起来十分“鲜”，而它的鲜味主要则是由鱼肉中含有的谷氨酸和肌苷酸这两个成分决定的。当然，鱼也因为自身的种类、捕获季节、大小等的不同而导致风味差异，主要原因也是因为不同鱼体内所含有的呈味物质成分不同。

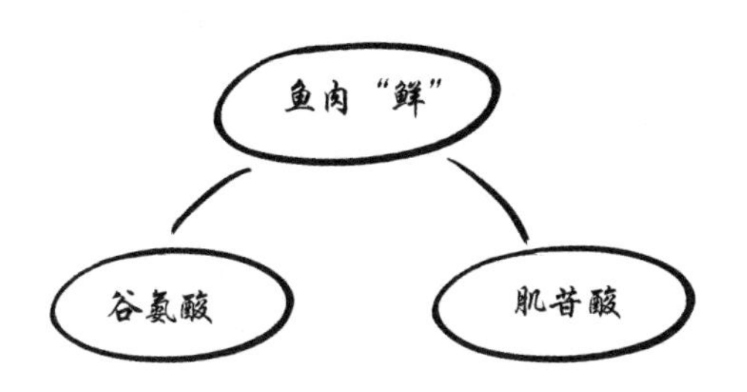

鱼肉的鲜味与其体内脂肪含量也有着密切的关系。例如，对于喜爱金枪鱼的消费者而言，金枪鱼的腹侧肉相对更为美味，分析原因，主要就是因为金枪鱼腹侧肉与其他部位相比含有更多的脂肪。当然也并不是脂肪含量越高，金枪鱼的风味就越好，适量最为重要。

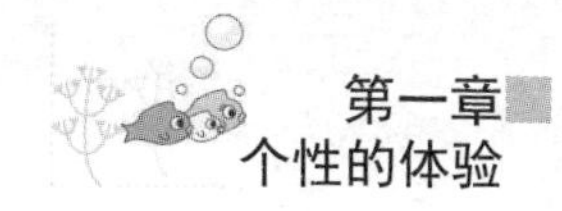

贝类水产食品具有特殊的风味，其抽提物中富含糖原、有机酸（主要是琥珀酸）、游离氨基酸等物质。其中，牡蛎的糖原含量是贝类中最高的，可达4.2%（普通贝类约1.0%）。研究表明，糖原具有调和抽提物成分鲜味的作用，产生特殊风味，蚝油就是利用蒸煮蚝得到的浓缩液调配而成。

水产食品的干制品久藏会产生哈喇味，这也是日常中我们常遇到的问题。哈喇味的出现是由于鱼体中的脂肪被氧化，从而产生苦涩味和微臭味，色泽也随之变黄或变褐色，最终将影响此类干制品的食用。那么，我们有没有方法可以预防哈喇味的产生呢？

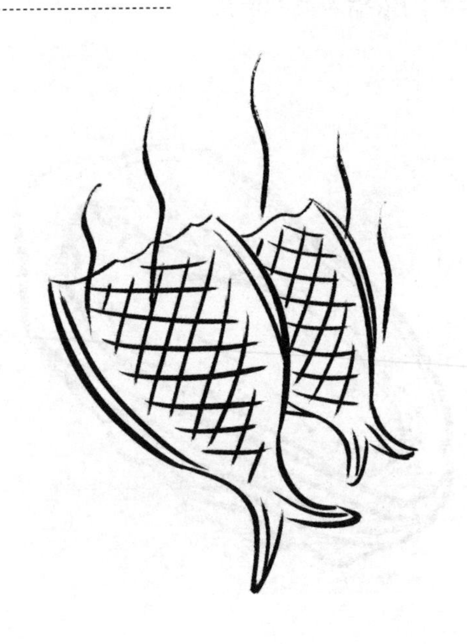

对于含油脂较多的水产品，若是在夏季进行干制加工，中午应暂时收存于阴凉处，防止暴晒引起脂肪的氧化；如果是采用人工干燥的方法，则应尽量控制低的温度，避免皮下脂肪渗出表面，加重哈喇变质程度；若是全年供应的、含脂肪较多的干制品，则应尽可能选择在阴凉通风、温度较低并且干燥的库房中保存。

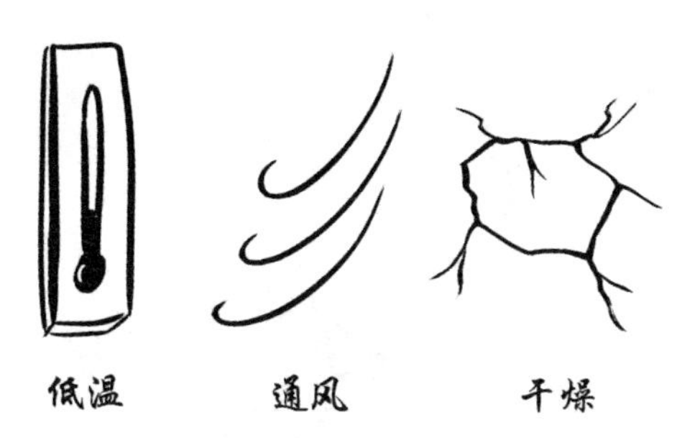

通过水产食品的“味”可以来判断品质。如干海米，就可以取干海米放在嘴中咀嚼，感到鲜而微甜的为上品；感到盐味较重的则质量差。同样，质量好的蛏干一般不带咸味，而质量差的蛏干咸味较重。鱼皮是采用鲨鱼和黄鱼等的皮加工成的名贵海味干制品，含有丰富的胶质，营养和经济价值很高，质量好的鱼皮一般不带咸味。

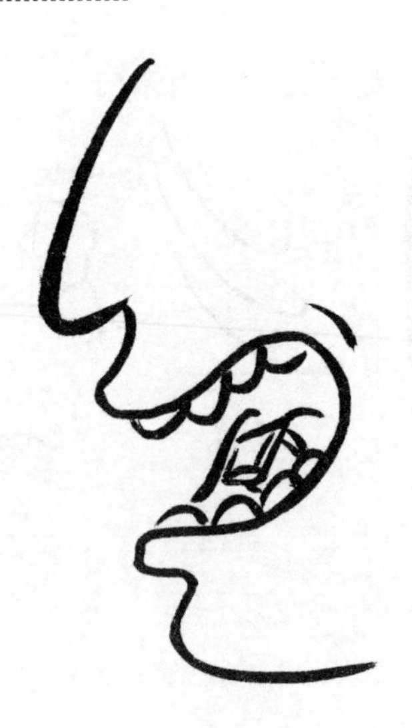

第四节　形

鱼贝类新鲜度降低或死亡后，其形态往往也会发生相应的变化。我们可以通过鱼贝类这种“形”的变化判断其新鲜度，当然也有利于我们采用合适的保鲜方法和保藏方式来控制或者延缓这种品质的下降，提高货架期。形的变化涉及死后僵硬和自溶作用等一系列过程，是复杂的生化反应。

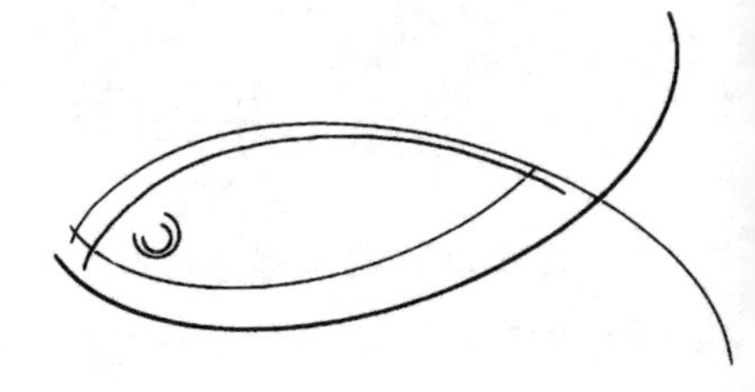

鱼贝类死后，肌肉由原先的松软并且有透明感慢慢向硬化和不透明感转变，这种现象我们称为“死后僵硬”。鱼类肌肉的死后僵硬受到各种条件的影响，如生理状态、疲劳程度、捕获方法等，一般这种僵硬现象出现在鱼死后几分钟至几十小时内，其持续时间为 5 ~ 22 小时。因此，我们可以根据鱼肉摸上去的手感和看上去的透明度来判断鱼的新鲜程度。

不同鱼类的僵硬期不同，上层洄游鱼类，如鲐鱼、鲅鱼等，它们体内所含有酶类的活性较强，因此死后僵硬开始得较早，僵硬期相应也比较短。而鳕鱼等活动性较弱的底层鱼类，一般死后的僵硬期来得较迟，持续的时间也较长。

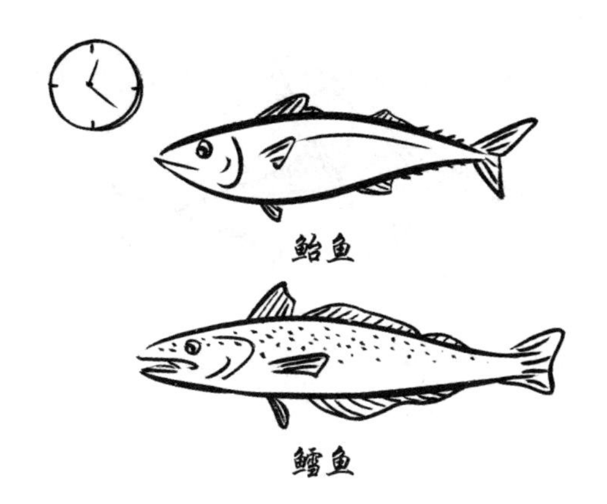

捕捞与致死条件不同也会影响鱼类的僵硬度。经过长时间挣扎窒息而死亡的鱼，与捕捞后马上杀死的鱼相比，死后僵硬期开始得较早，持续时间较短。捕获后立刻死亡的鱼，僵硬期开始得比较迟，持续的时间也较长。

鱼体保存时的温度对其僵硬期也会有影响。鱼体死后保存温度越低，僵硬期开始得就越迟，持续时间也越长。比如夏天的高温环境，僵硬期开始得较早，一般几个小时后就会出现。而在温度较低的冬天，一般数天后才出现僵硬期。因此，在鱼死后，尽量选择冷藏来延缓僵硬期的到来，或尽快食用以保证鱼的新鲜度。

当鱼体肌肉中一种叫做三磷酸腺苷（简称 ATP，是生物体内普遍存在的一种能量载体）的物质逐渐分解后，鱼体便开始慢慢软化，这种现象我们称为“自溶作用”。当鱼体进入自溶阶段后，其肌肉组织会逐渐变软，失去它本身应具有的弹性和咀嚼性。

此外，随着自溶作用的进行，鱼肉组织中蛋白质越来越多地转变为氨基酸等物质，为原本存在的腐败微生物繁殖提供了良好的条件，从而进一步加速了鱼肉腐败的速度。因此，处于自溶阶段的鱼肉，其新鲜度已下降甚至失去食用的价值了。我们可以通过使用弹性仪指示的新鲜度等级或弹性值来判断其新鲜度。

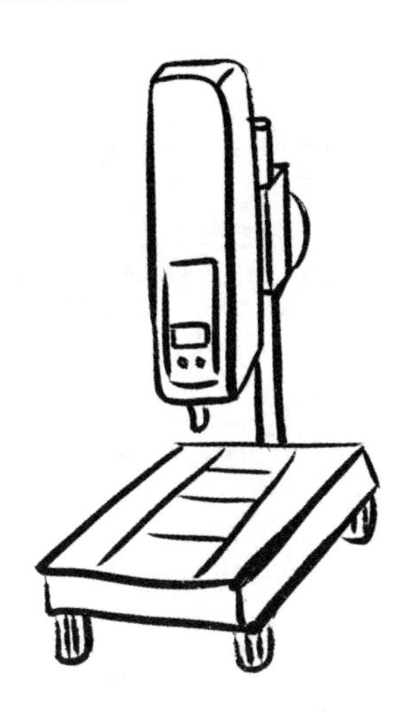

弹性仪

不同的鱼肉腐败速度不同。通常来说，体积小的鱼比体积大的鱼容易腐败；脂肪含量高的鱼比脂肪含量低的鱼容易腐败。可以采用感官检查的方法来判定鱼肉的新鲜程度，常常分为四个等级，分别从体表、鱼鳞、鱼鳃、眼睛、肌肉五个方面进行评定，尽可能选择符合一级标准的鱼肉食用。

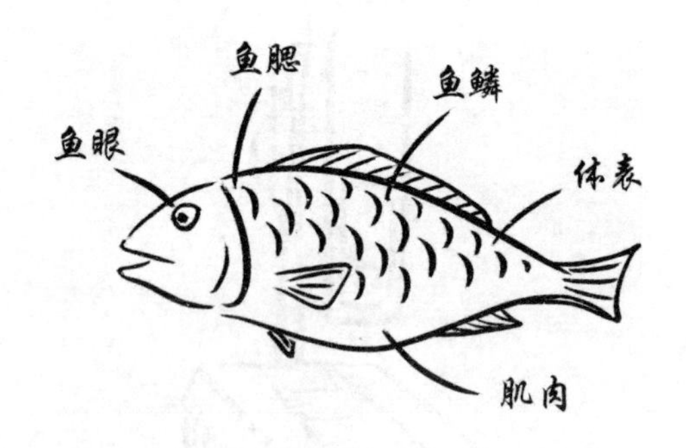

一级标准要求体表具有鲜鱼固有的鲜亮光泽，黏液透明；鱼鳞完整或略有花鳞，但紧贴鱼体，不易剥落；鱼鳃鳃盖紧合，鳃丝鲜红（或紫红色）且清晰，黏液透明且无异味；眼睛的眼球饱满，角膜透明清亮；肌肉坚实且富有弹性，肌纤维清晰且有光泽。

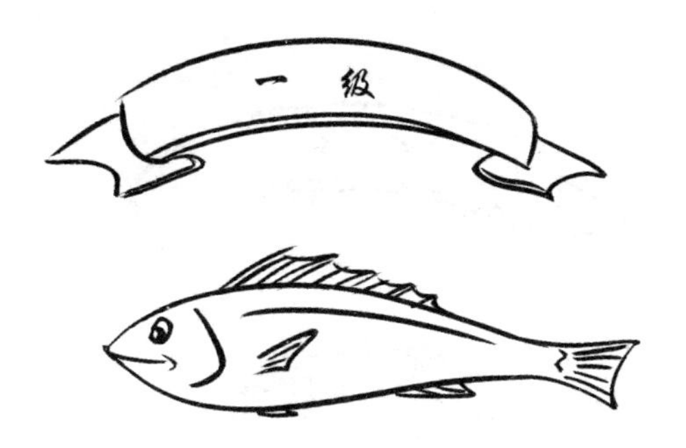

二级标准：体表色泽暗淡，光泽差，黏液透明度较差；鱼鳞较不完整，较易剥落；鱼鳃鳃盖较松，鳃丝呈紫红、淡红或暗红色，腥味较重；眼睛眼球平坦或稍有凹陷，角膜暗淡或略微混浊；肌肉组织精密且有弹性，用手挤压出的凹陷可以很快恢复，肌纤维的光泽度较差。

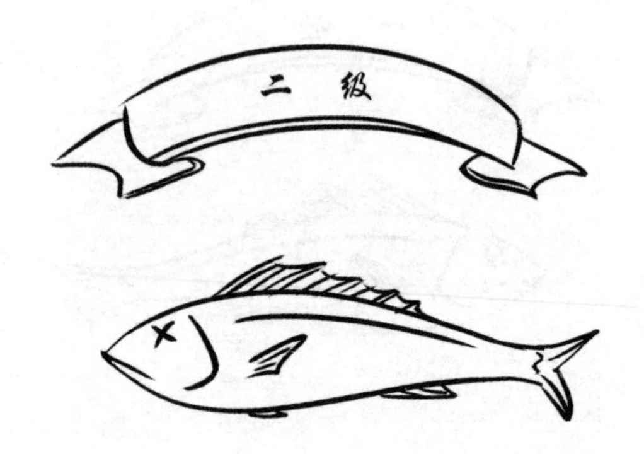

三级标准：体表色泽暗淡无光，黏液混浊；鱼鳞不完整，松弛，容易剥落；鱼鳃鳃盖软弛，鳃丝粘连，呈淡红、暗红或灰红色，有明显的鱼腥味；眼睛的眼球凹陷，角膜混浊或发糊；肌肉松弛，弹性差，压出凹陷后恢复平整较慢，有异味，但没有腐臭味。

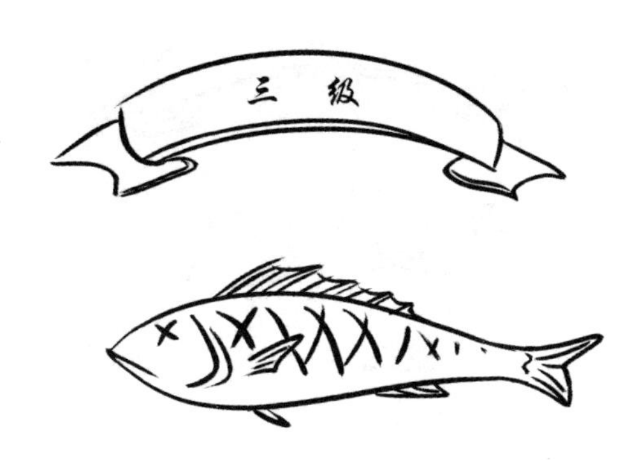

四级标准：体表色泽晦暗，黏液污秽或干燥；鱼鳞容易擦落；鱼鳃鳃丝黏结，有脓样黏液附着，有腐败味；眼睛眼球完全凹陷，角膜模糊或呈脓样封闭；肌肉纤维模糊，有腐败臭味。

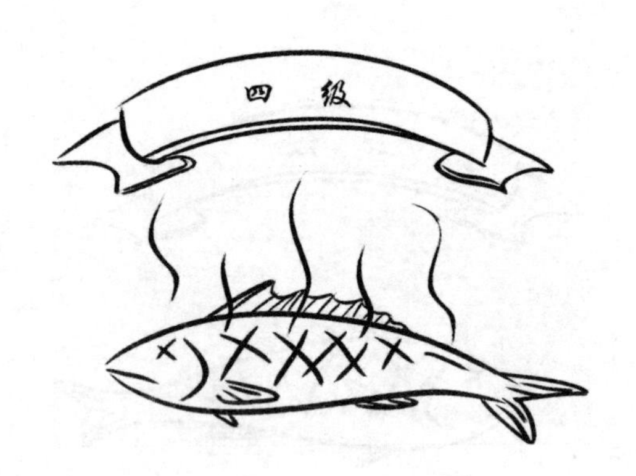

第二章 天然毒素知多少

第一节　河豚毒素

近几年，常有报道误食水产食品而导致中毒的事件。的确，部分鱼贝类等水产品含有天然毒素，有的毒素几乎遍布全身，有的则仅存在于局部的脏器、组织或是分泌物中。据统计，仅我国有毒鱼类就有 170 余种。纵观全世界，有毒鱼类的数量至少有 1200 种，如涉及其他水产品，数量就更多了。

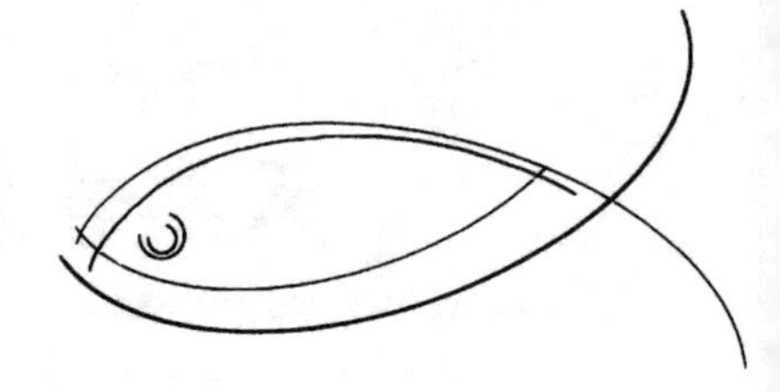

河豚毒素就是我们所知道的一种常见毒素，最早发现于肉质鲜嫩肥美的河豚中，所以又有拼死吃河豚一说。河豚属于硬骨鱼纲，鲀形目，鲀科，常见的有数十个种类，在我国的各大海区都有分布，个别种类也会进入江河产卵繁殖。目前，在我国也有人工养殖的低毒河豚。

河豚长得很可爱，身体圆滚滚的，头胸部大，腹尾部小，背上有鲜艳的色彩、斑点和条纹，体表没有鳞片。在不利或者受到威胁的环境下，河豚的腹部能鼓起来，就好像一个大大的气泡，所以它又有既形象又好记的俗名，即“气泡鱼”或者“气鼓鱼”。

据考证，早在公元200年，由我国张仲景编著的《金匮要略》中就已提及河豚的为害。明朝的李时珍，在他历经数十年编成的药学巨著《本草纲目》中对河豚的毒性有了更为详细的描述，并指出“河豚有大毒，味虽美，修治失法，食之杀人”。从这些记载中，河豚的毒性之大可见一斑。

近现代最早开始研究河豚毒素的是日本的科学家田原良纯，他在 1909 年通过分离提取得到了一定纯度的粗毒素，并命名为河豚毒素，简称 TTX。1950 年获取了 TTX 的结晶物质，1964 年制备了河豚毒素的衍生物，并根据各自的 X－射线衍射确定其结构。

研究表明，河豚毒素是氨基过氧喹唑啉型化合物，是一种相对分子质量小、毒性极高的非蛋白毒素，分子式为 $C_{11}H_{17}N_3O_8$，相对分子质量为 319.27。有专家称其为“世界上最奇特的分子”。因为其分子结构十分独特，通常情况下，是以两性离子的形式存在的，也就是说，它同时带有正负两种电荷。

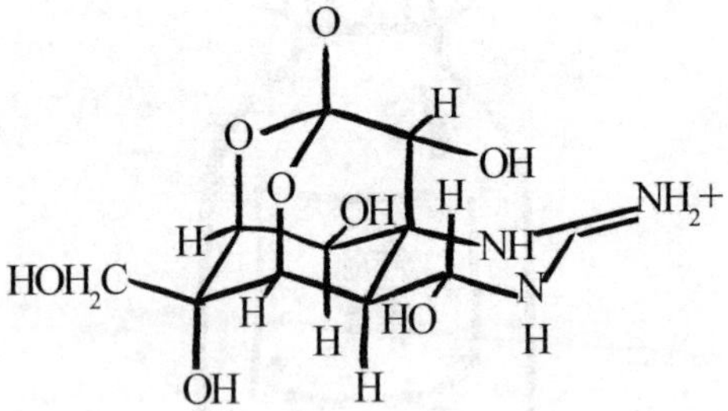

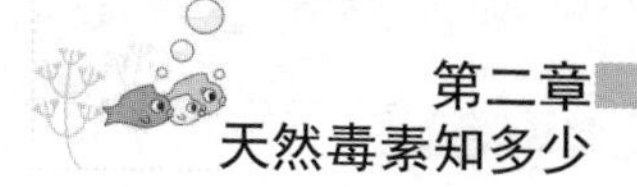

河豚毒素是世界上最致命的毒药之一，它的毒性比剧毒的氰化钠还要高1250倍，只需要0.5毫克的剂量就足以致人死命。河豚毒素的纯品结晶微溶于水，但不溶于无水乙醇等有机溶剂，在正常环境温度下较稳定，用盐腌、日晒、一般的加热烧煮都不易把它消除，因此对我们的食用毒性很大。

河豚毒素主要分布于河豚的肝脏、卵巢、皮肤和血液中，但随着季节和周围环境的变化，河豚体内的毒素也会随之变化。一般情况下，河豚的肌肉组织是没有毒的，但如果河豚死亡时间过长，就会导致内脏与血液中的毒素渗透到肌肉中。这样一来，如果食用鱼肉的话，便会导致中毒甚至死亡。

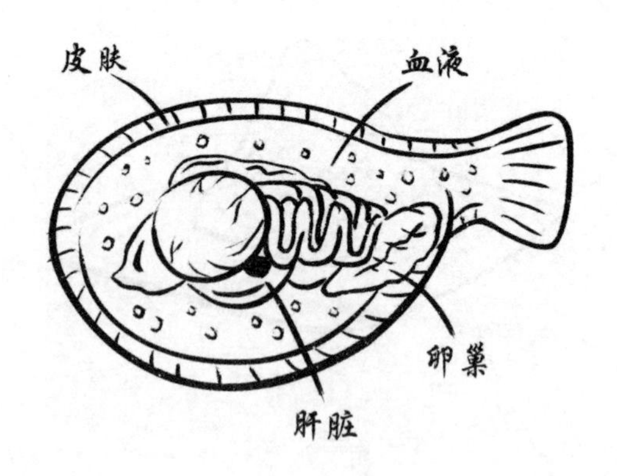

河豚毒素中毒通常的发病时间是10分钟至3小时。最初症状体现在口部、唇部及舌端，产生的麻木感会随着时间的推移慢慢扩散至四肢，导致行走不便，出现运动障碍及语言障碍。中毒者有时还会出现剧烈呕吐的症状以及口吐白沫、出汗、头晕头疼、血压和体温下降等系列反应。最终可导致反射功能渐渐丧失，呼吸和循环系统衰竭而死亡。

迄今为止，据统计河豚中毒事件仍是鱼类中毒事件中所占比重最大的一类，而且中毒患者的死亡率高达60%。如同前面我们介绍的，河豚毒素引起的中毒发病时间较短，发展速度很快，所以如何有效地减少甚至消除河豚中的河豚毒素就尤为重要了。

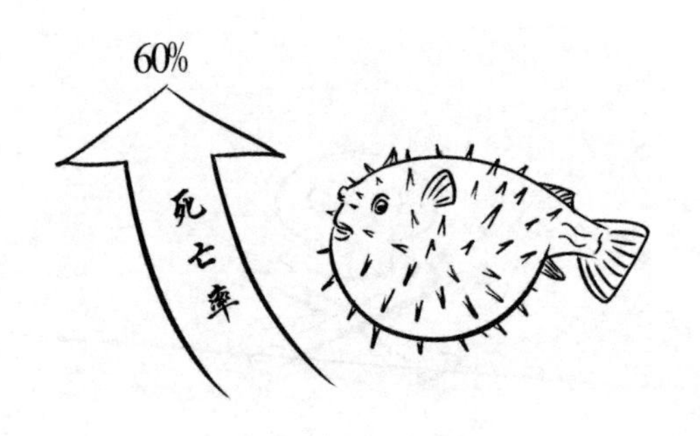

有科学家研究发现可以通过高温加热的方法减少和消除河豚毒素。该研究以河豚中的一种叫作“暗纹东方鲀”的肝脏为研究对象，结果显示当温度高于120℃时，河豚毒素变得不稳定，并且随着温度的升高，河豚毒素的稳定性越来越差直至消除。相比人工养殖的暗纹东方鲀，野生暗纹东方鲀肝脏中毒素的毒性更大。

120℃

随着现代科技的进步，暗纹东方鲀目前已经实现了全人工养殖，对于河豚毒素的控制也涉及人工繁殖、苗种培育、商品鱼养殖等全过程，效果显著。经随机抽样测定，肝脏、卵巢、皮肤和血液中河豚毒素平均含量均低于2 μg/g，大大减少了食用风险。

人工养殖

第二节　西加毒素

西加毒素简称 CTX，又称雪卡毒素，来源于西加（雪卡）鱼类，最早由美国夏威夷教授发现。科学家曾在 400 多种鱼类中分离提取到西加毒素，但其真正来源却是由一种叫做“岗比毒甲藻”的双鞭藻。目前已发现的西加毒素有三类，分别是太平洋西加毒素、加勒比海西加毒素和印度西加毒素。

印度西加毒素

西加毒素

太平洋西加毒素

加勒比海西加毒素

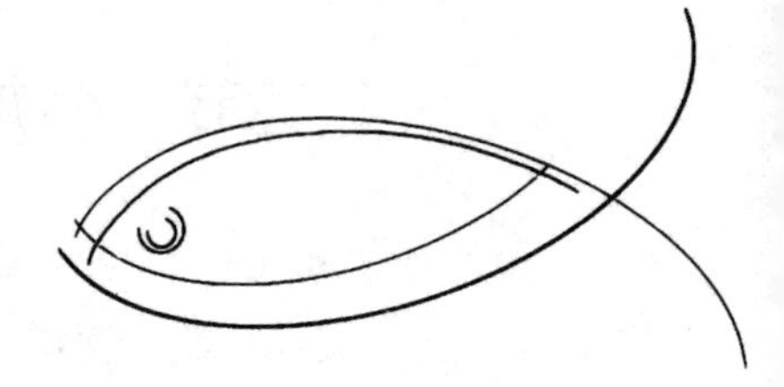

西加毒素是世界上已知的危害性较为严重的赤潮生物毒素之一，其毒性比河豚毒素还要高100倍。无论是在数量上还是在毒性上，西加毒素都是目前已知的对哺乳动物毒性最强的毒素之一。每年约有2万人遭受西加毒素的危害，严重影响了公共卫生和食品安全。

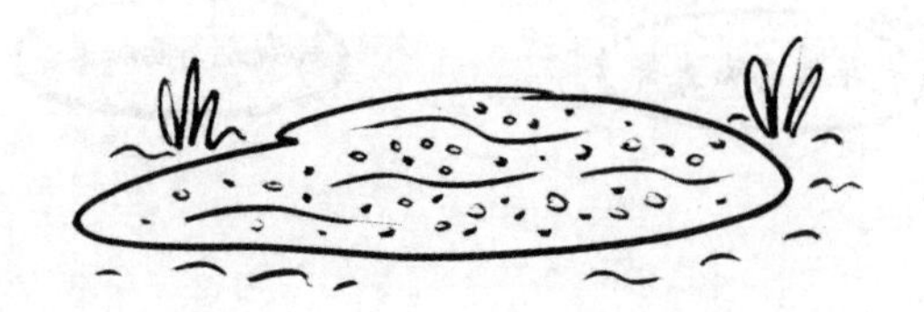

西加毒素由13个连续连接成阶梯状的醚环组成，分子式为 $C_{60}H_{88}O_{19}$，相对分子质量一般为1000—1150。西加毒素分子中含有6个羟基，5个甲基和5个双键，是一种无色、耐热、脂溶性非结晶体，极易被氧化，能够溶于极性有机溶剂，如甲醇、乙醇、丙酮等，但不溶于水和苯，也不易被胃酸破坏。

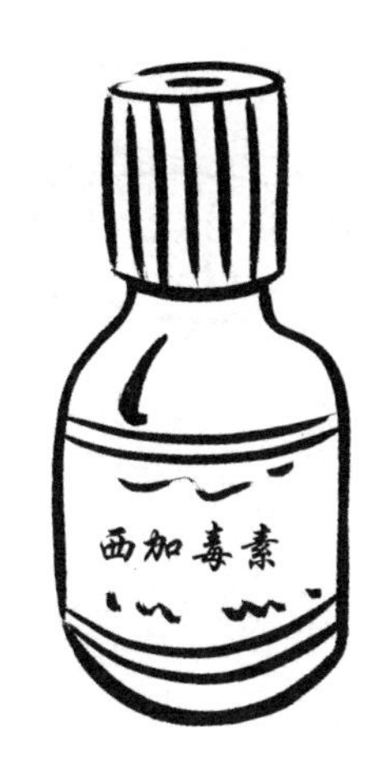

西加毒素并不是鱼类与生俱来的，它属于获得性毒素，由于鱼类的采食从外界获取。也就是说，热带或亚热带的食草型鱼类摄取含有西加毒素的藻类后，通过食物链又被其他食肉型的鱼类摄食，导致西加毒素的含量和毒性逐级传递和积累，并最终影响到人们自身的安全和健康。

容易感染西加毒素的鱼类一般是处于热带和亚热带海区的珊瑚礁鱼。它们因为喜食珊瑚礁周围的有毒微藻，导致毒素在体内积累。全世界有400种左右的珊瑚礁鱼可感染西加毒素，而我国约有45种，主要分布在台湾、西沙群岛、海南岛等地。这类鱼主要包括刺尾鱼、鹦嘴鱼等以及捕食这些鱼类的海鳝、石斑鱼、沿岸金枪鱼等肉食性鱼类。

西加毒素在鱼体内的含量分布是不均匀的。通常情况下，西加毒素在有毒鱼类的肝脏和生殖腺中含量最高，在肌肉和骨骼中的含量相对较低。研究表明，有毒新西兰鲷鱼肝脏中的西加毒素含量是肌肉的 50 倍，而有毒海鳝肝脏中的西加毒素含量比肌肉中的含量可高出 100 倍。

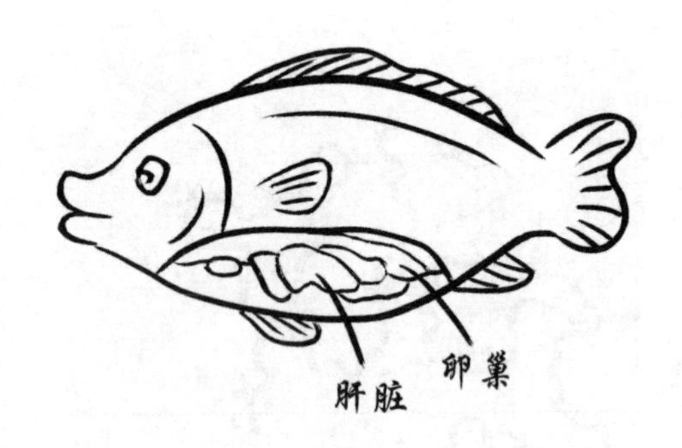

西加毒素中毒时会出现消化系统、神经系统、心血管系统等的不适症状，主要包括恶心、呕吐、腹泻、腹痛、出汗、眩晕、头痛，还会出现四肢麻木，皮肤瘙痒，血压过低，身体失衡，出现幻觉，精神消沉等，严重者会导致呼吸困难、全身瘫痪甚至死亡。

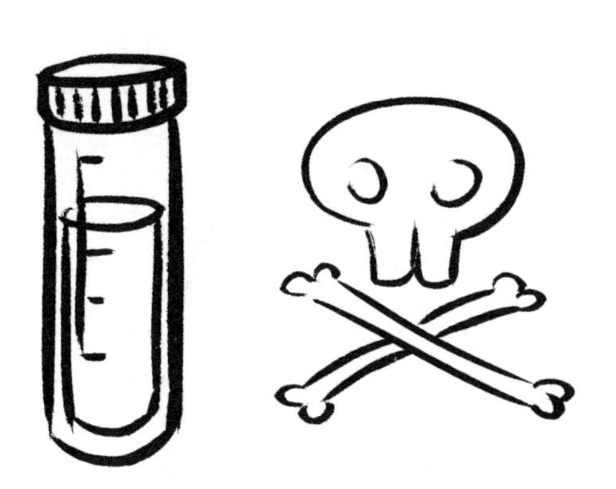

上述症状与河豚毒素或者其他海产品毒素的中毒症状较为相似。但西加毒素中毒最显著的特征是产生“热感颠倒”，意思是当患者的手触摸到热的东西时反而会觉得是冰凉的，而当碰到水的时候则会有触电或者热的感觉。这是区分西加毒素中毒和其他毒素中毒最为显著的症状。

研究表明，西加毒素对钠通道激活有很明显的作用，它能与钠通道受体靶部位结合，增强细胞膜对钠离子的通透性，使钠离子通道的开放时程延长，从而导致神经兴奋性传导发生改变，中枢神经对体温的调节不敏感，最终影响对温度的感觉。高浓度西加毒素可对心脏产生不良作用，详细机制还有待进一步研究。

作为一种脂溶性神经毒素，西加毒素的毒性很强，如果我们中毒后没有及时治疗，死亡率可高达20%，死因主要是由于呼吸肌麻痹引起的。值得注意的是，西加毒素中毒并不产生获得性免疫作用。也就是说，多次受西加毒素毒害的病人恢复后体内不产生抗体，再次感染西加毒素时依然可以导致中毒。

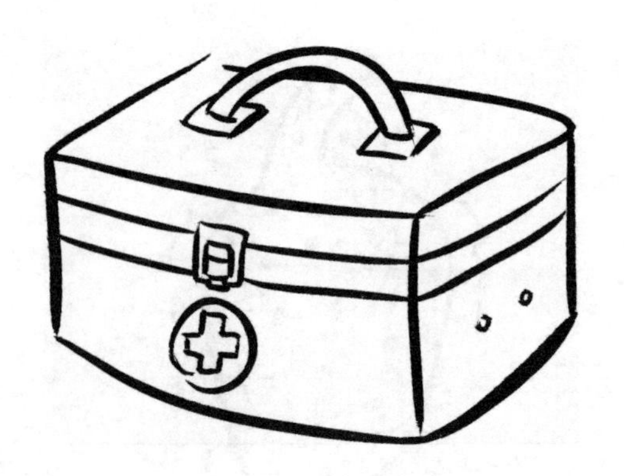

西加毒素中毒目前尚无特效药，因此为了减少西加毒素的中毒事件，还是应以预防为主。建议尽量避免食用3—4月份进入生殖期的深海珊瑚鱼，特别是鱼头、内脏和生殖器官等含毒素较高的部位。对于外购的珊瑚鱼等深海鱼类，最好有15天左右的放养期，减少鱼体内可能含有的毒素含量。此外，还要注意避免与花生或者豆类食物一起食用。

第三节　贝类毒素

贝类毒素也叫藻毒素，是因为贝类摄取含有毒素的藻类产生的。目前已经发现的贝类毒素达几十种，根据毒素传递媒介的类型以及中毒症状，贝类毒素被分为麻痹性贝类毒素（PSP）、腹泻性贝类毒素（DSP）、神经性贝类毒素（NSP）和健忘性贝类毒素（ASP）四大类。其中，危害性最严重与最广泛的是前两类毒素。

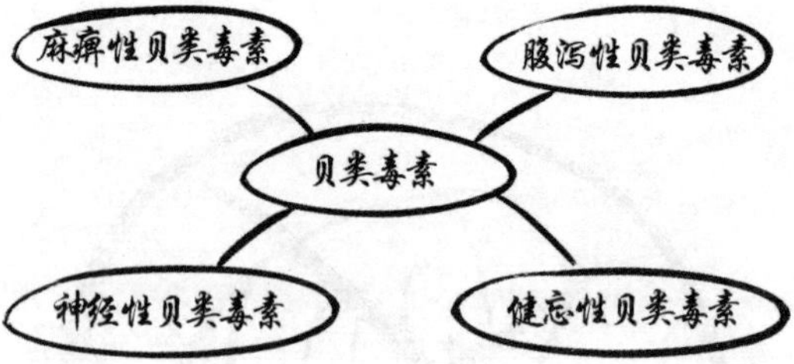

麻痹性贝类毒素
腹泻性贝类毒素
贝类毒素
神经性贝类毒素
健忘性贝类毒素

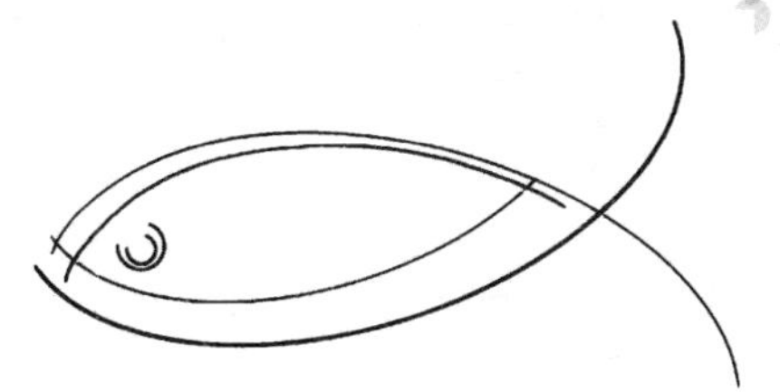

麻痹性贝类毒素属于烷基氢化嘌呤化合物，得名于人食用后会引起以外周神经肌肉系统麻痹为初始的中毒症状。甲藻类中的亚历山大藻、膝沟藻、原甲藻等一些赤潮生物种类都是这类毒素的直接产生者。同时，这类毒素也是目前世界上分布最广、毒性最强、中毒发生率最高的一种贝类毒素。

根据化合物分子中基团的不同又可将麻痹性贝类毒素分为四类：氨基甲酸酯类、N－磺酰胺甲酰基类、脱氨甲酰基类和N－羟基类。其中，氨基甲酸酯类是最常见的种类。常见的石房蛤毒素就属于麻痹性贝类毒素，相对分子质量很小但是毒性很高。据估算其毒性可为眼镜蛇毒性的80倍。

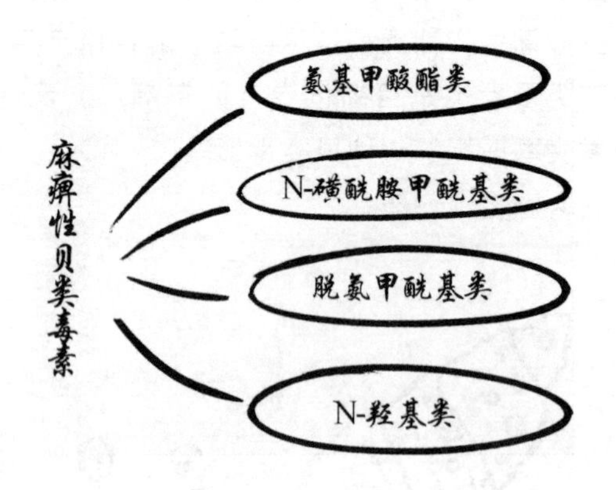

贻贝、扇贝、蛤和牡蛎等贝类摄入有毒的甲藻后可导致麻痹性贝类毒素在体内积累，特别在这些贝类的消化器官中含量最高。一般来讲，麻痹性贝类毒素对贝类本身是没有毒害作用的，但它具有极高的专一性，可以通过结合细胞膜上的受体引起神经细胞的兴奋与传导受到阻滞。

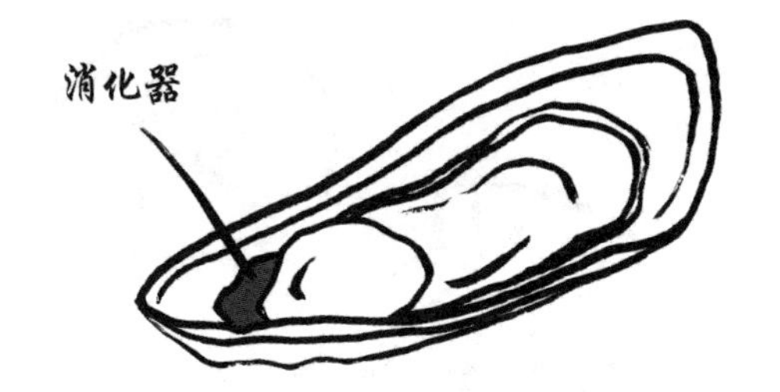

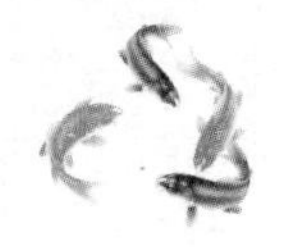

食用含麻痹性贝类毒素的贝类产品引发中毒后，潜伏期很短，半小时内即会出现嘴唇、牙床和舌周麻木，手指、脚趾也会陆续出现麻木感：6 小时后毒素就可能扩散至双臂、双脚和颈部，中毒者的活动能力明显下降。若食入量较大，那么在 12 小时内就可能因为呼吸器官的麻痹而引起窒息死亡。

腹泻性贝类毒素是由海洋中的藻类或微生物产生的次生代谢产物，是一类脂溶性多环醚类天然化合物。顾名思义，这类毒素得名于人食用该毒素后可以产生以腹泻为主要特征的中毒症状。腹泻性贝类毒素主要来源于鳍藻属和原甲藻属等有毒藻类，性质相当稳定，目前尚没有特效解毒剂。

根据毒素的化学结构，腹泻性贝类毒素可以分成聚醚类、聚醚内酯类和融合聚醚类等。第一类包括大田软海绵酸和鳍藻毒素两种，第二类主要包括蛤毒素，第三类为虾夷扇贝毒素。腹泻性贝类毒素一般存在于贻贝（海虹）、牡蛎和干贝中，而且主要蓄积在贝类的中肠腺。

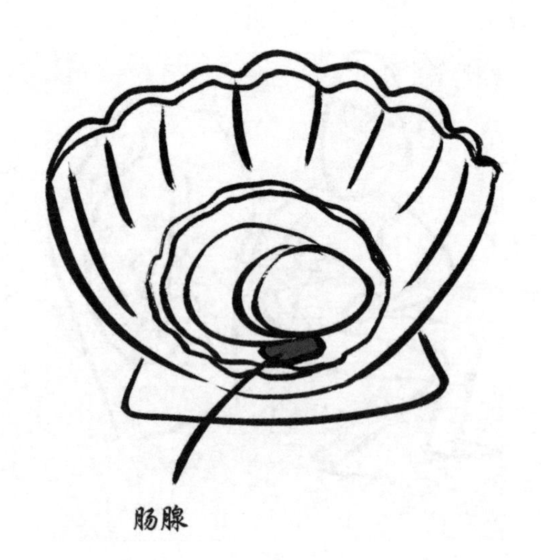

腹泻性贝类毒素中毒一般表现为胃肠道紊乱引发的症状，如恶心、呕吐、腹泻和腹痛等。腹泻性贝类毒素对神经系统或心血管系统也有高特异的毒性，部分可以抑制蛋白磷酸酶（蛋白质活性开关系统中一种重要的酶）的活性，导致蛋白质的超磷酸化作用，影响相关基因的表达甚至成为肿瘤形成的诱因。

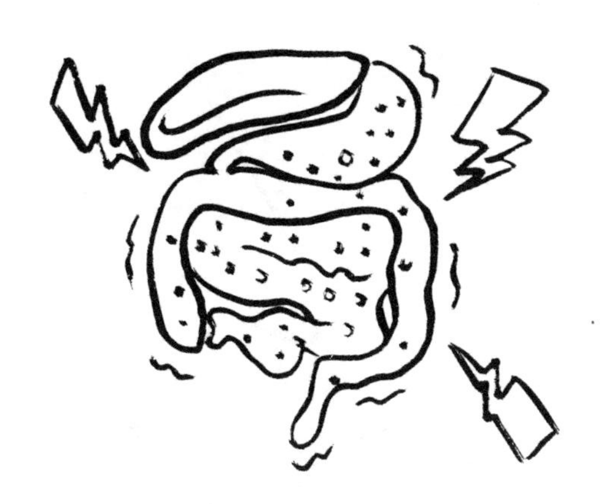

神经性贝类毒素主要来自于短裸甲藻、剧毒冈比甲藻等藻类。这类毒素的得名主要是因为人类一旦误食这种毒素便会引起以麻痹为主要特征的症状。此外，吸入含有这类毒素的藻类气雾，同样也会引起气喘、咳嗽、呼吸困难等中毒症状。神经性贝类毒素是贝类毒素中唯一可以通过吸入导致中毒的毒素，区别于麻痹性贝类毒素。

神经性贝类毒素是一类无味、耐热、耐酸的脂溶性环状聚醚毒素，化学结构为多环聚醚化合物，主要为短裸甲藻毒素。从短裸甲藻细胞提取液中可分离出13种神经性贝类毒素成分，其中11种成分的化学结构已确定。按各成分的碳骨架可以分为3种结构类型，分别为11个稠合醚环组成的梯形结构，10个稠合醚环组成的结构以及其他成分。

神经性贝类毒素毒性较低，中毒毒理与麻痹性贝类毒素相似，都是作用于细胞膜上一个叫做“钠通道”的部位。这类毒素潜伏期短，可在摄入后几分钟发生；持续时间同样较短，从几个小时到数天不等，恢复后几乎没有后遗症。这种毒素的分布范围也较小，主要分布在美国佛罗里达海岸和墨西哥湾沿岸等。

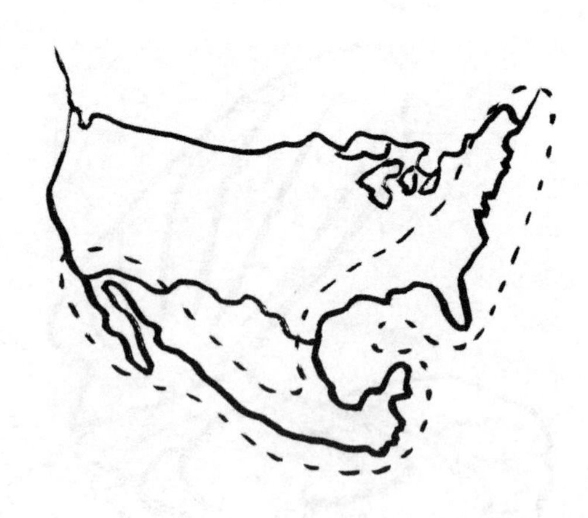

健忘性贝类毒素同样是一种毒性很强的神经毒性物质，因可导致记忆功能的长久性损害而得名。这类毒素的主要化学成分是一种具有生理活性的氨基酸类物质——软骨藻酸，是由某些拟菱形藻属和菱形藻属的海洋硅藻产生的。软骨藻酸是谷氨酸盐的拮抗物，可作用于中枢神经系统受体，并可导致细胞的死亡。

健忘性贝类毒素中毒主要表现为胃肠道功能失常，包括呕吐、腹泻、腹痛等症状以及神经系统症状——主要为辨物不清，记忆丧失，方向知觉丧失，癫痫昏迷等。胃肠道症状在24小时内出现，而神经症状则发生在48小时以内。这类毒素对于老年人症状特别明显，可出现阿尔茨海默病（旧称老年前期痴呆）。

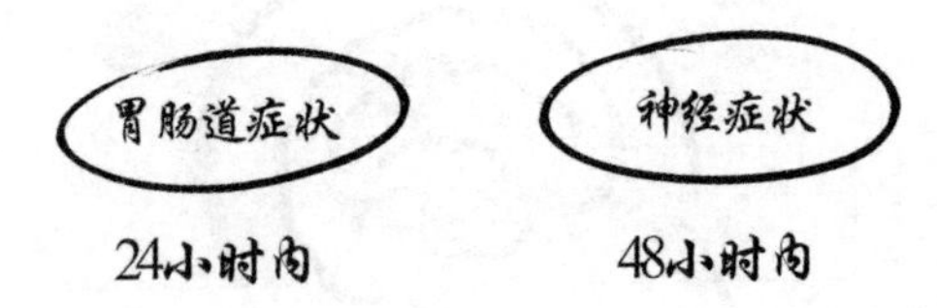

贝类毒素毒性强，潜伏期短，对人的为害大，同样，主要也应以预防为主。谨慎购买和食用海藻和大量繁殖或出现“赤潮”时的海域中出产的贝类。由于贝类毒素主要蓄积在贝类的消化器官中，因此在食用时应注意。此外，可以选择合适的烹饪方法，减少有毒贝类中残留的毒素含量进而减少摄入的毒素量。

第四节　肽类毒素

达尔文的进化论告诉我们“适者生存”的道理，也就是说生物在进化过程中，总是想方设法保护自己不被天敌消灭。研究发现，一些贝类体内能产生毒性多肽和蛋白质类有毒物质，可以用来防御捕食者的捕食或是作为争夺数量有限的食物等资源而进行积极攻击的武器。

达尔文

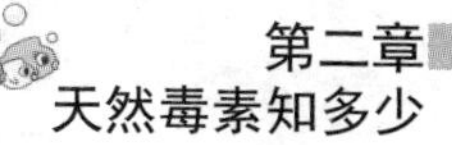

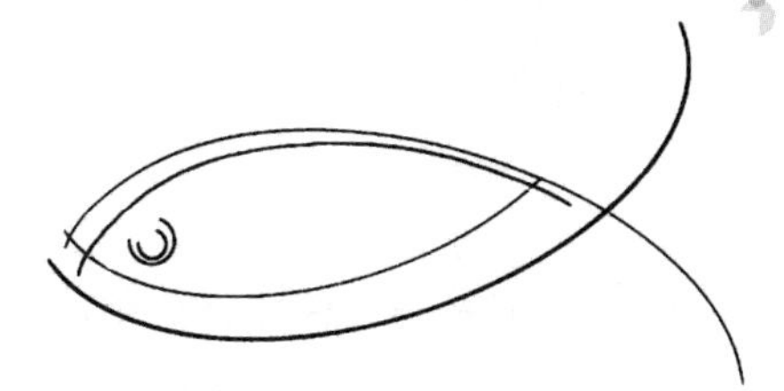

肽类毒素就是这样一类物质，目前发现天然的海洋生物毒素中毒性最强的就是由基因直接编码的肽类毒素。比较具有代表性的肽类毒素包括海葵毒素、芋螺毒素、海蛇毒素、水母毒素和海胆毒素等。这些肽类毒素的普遍特点是毒性作用强、效应剂量小。

海葵是一种腔肠动物，属于珊瑚虫纲，是一种分布较为广泛的近海生物，在许多热带和温带海域常能找寻到它的踪迹。海葵虽然长得很漂亮，看上去像花朵，但它美丽的外表下隐藏着一种叫做“刺细胞”的秘密武器。这些刺细胞中分布着腔肠动物所特有的刺丝囊，能分泌大量的肽类毒素和细胞毒，这就是海葵毒素。

海葵

海葵毒素是由 2 ~ 3 个二硫键相互交联的单链碱性分子，相对分子质量在3000—6000。海葵毒素能特异地作用于神经和肌肉细胞膜上的关键靶位点，引起疼痛、炎症以及肌肉麻痹等症状，从而使一系列生命活动受到影响。海葵毒素具有广泛的神经系统活性、心血管系统活性和细胞活性抑制作用。

海葵毒素种类较多，一般为神经毒或肌肉毒。生长于美国夏威夷海域的巨大红海葵分泌的毒素毒性极强，是当地土著人制作箭毒的首选。生长在百慕大的砂岩海葵，其毒性比剧毒的氰化钾还要厉害，号称世界上最厉害的生物毒素之一。而且现有数据表明海葵发射毒素的速度极快，完成一次仅需 0. 02 秒。

芋螺科动物属于腹足纲软体动物，主要分布在热带海洋的浅水区。芋螺毒素是芋螺分泌毒液中的一大类活性多肽，主要用于防御敌害和麻醉它眼中的“猎物”。在海洋肽类毒素的研究中，芋螺毒素的研究是进展最快的一类，现已发现全世界种类高达 5 万种以上。

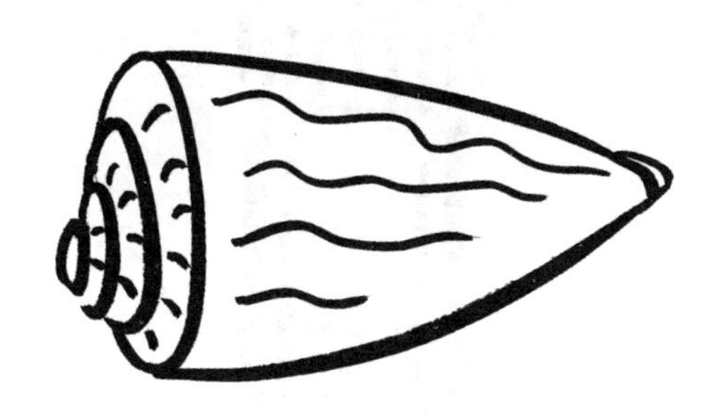

芋螺毒素通常是由10～30个氨基酸残基组成的小肽，大多富含半胱氨酸残基，具有高度保守的二硫键骨架，使之形成高度紧凑的立体构象。与蜘蛛、蝎、蛇、海葵等许多动物的毒素相比，芋螺毒素的肽链短得多，二硫键丰富，分子结构更紧密，但毒性却毫不逊色。

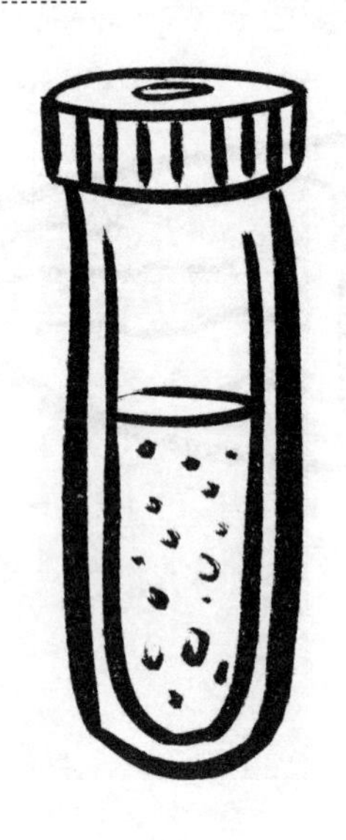

芋螺毒素的毒性与芋螺的生活习性有着密切的联系。根据芋螺摄食对象的不同，可将芋螺毒素简单分为食鱼芋螺、食螺芋螺、食虫芋螺等。地纹芋螺是食鱼芋螺的一种，它产生的毒素对人体的毒性最大。总体而言，芋螺毒素均具有分子质量小、作用靶点广泛且组织选择性极强的特点。

地纹芋螺

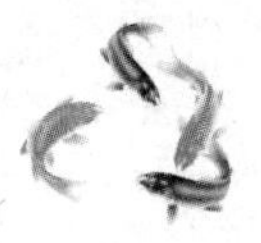

海蛇属于剧毒蛇类，广泛分布于印度洋和太平洋的热带及亚热带海域，主要利用毒液麻痹鱼类进行捕食。它的毒液一般而言成分相对简单，但是毒性较强。毒性成分主要包括神经毒素、心脏毒素和肌肉毒素三种。其中，最重要的成分是神经性肽类毒素。

海蛇

海蛇毒液的毒性主要取决于其含有神经毒素的数量，剧毒海蛇毒液中的神经毒素可高达75%。海蛇毒液通过高度专一结合乙酰胆碱受体（一种兴奋性神经递质，通过结合特异受体，在神经细胞之间或神经细胞与效应器细胞之间起着信息传递作用）产生毒性。当然，海蛇毒素还具有一定的药理活性和药用价值。

水母属腔肠动物门，也常常被人们称为海蜇，它们种类多、数量大且分布广。水母的触手中有刺丝囊，肽类毒素是其中主要的毒液成分。它具有溶血性、神经毒性、肌肉毒性、肝脏毒性、心脏毒性以及细胞毒性等，可对心脏、血管等产生影响，引起血压和心电图的改变。

水母

海胆属于棘皮动物门，是海洋中一类常见的无脊椎动物，在各大海域的海底均有分布。海胆中的毒素主要由叉棘和棘两种器官产生，可选成中毒动物出现呼吸困难、肌肉麻痹、溶血等症状。值得注意的是，在繁殖季节大多数海胆生殖腺也可以产生毒素，从而造成食入性中毒。

海胆

第三章

火眼金睛的检验

第一节　水产品标准

没有规矩不成方圆，水产品行业也不例外。依据我国的《中华人民共和国标准化法》，将水产品的标准分为国家标准、行业标准、地方标准、企业标准四级。其中，国家标准是其他标准制定的基础与参考，正是这些不同等级的标准保障着水产食品的安全。

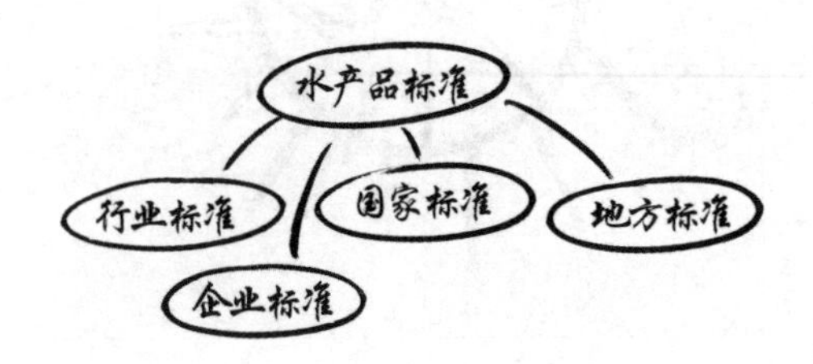

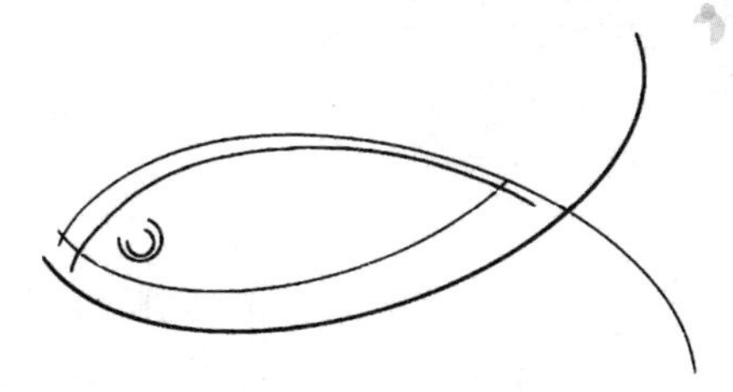

水产品的国家标准指由国务院标准化行政主管部门制定，对水产品行业的发展有重大意义，在全国范围内统一实施的标准。国家标准的编号由国家标准的代号、国家标准发布的顺序号和国家标准发布的年号（发布年份）构成。水产品的国家标准分为强制性国标（GB）和推荐性国标（GB/T）。

GB　　GB/T

强制性国标　　推荐性国标

水产品行业的强制性国标是国家通过法律的形式明确规定与水产品相关的技术要求，不允许以任何理由违犯和变更。如鱼罐头（GB 14939－2005）标准就是由国家规定强制执行，适用于鲜（冻）鱼经处理、分选、修整、加工、装罐、密封、杀菌、冷却而成具有一定真空度的罐头食品。

水产品的推荐性国标是指通过经济手段或水产品自身市场调节或各方商定而自愿采用的国家标准，具有法律上的约束性。如蚝油（GB/T 21999－2008）就是这类标准，适用于牡蛎蒸、煮后的汁液进行浓缩或直接用牡蛎肉酶解，再加入食糖、食盐等原料，辅之以其他配料和食品添加剂制成的调味品。

水产品的行业标准指由国务院有关行政主管部门制定，并报国务院标准化行政主管部门备案，在该部门范围内统一使用的标准。行业标准相当于一种具有“临时宪法”作用的标准而存在，当同一内容的国家标准公布后，则该内容的行业标准即行废止。

行业标准同样具有强制性行业标准和推荐性行业标准两大类别。其中，水产品的强制性行业标准代号为 SC，由农业部批准发布，其相关标准由农业部组织制定，受农业部统一管理；其推荐性行业标准代号则为 SC/T，不具有强制性，任何单位均有权决定是否采用，违犯这类标准，不承担经济或法律方面的责任。

SC　　SC/T

强制性行业标准　　推荐性行业标注

地方标准又称为区域标准，指对没有国家标准和行业标准而又需要在省、自治区、直辖市范围内统一的工业产品的安全、卫生要求，可以制定地方标准。地方标准在该行政区域内是强制性标准。而一旦公布同一内容的国家标准或者行业标准之后，该地方标准即应废止。

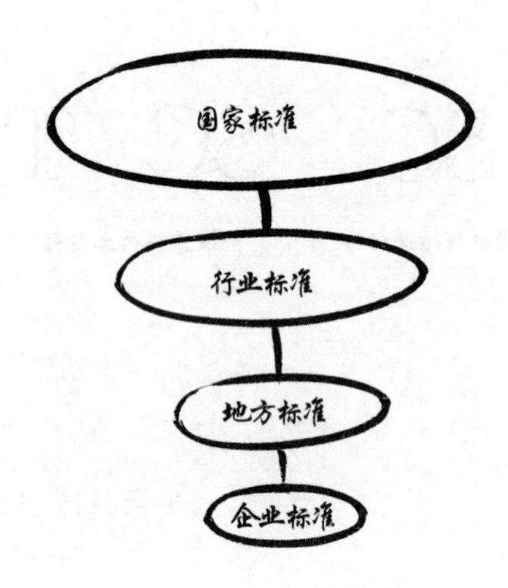

地方标准编号由四部分组成，即“DB（地方标准代号）”+“省、自治区、直辖市行政区代码前两位”+“/”+“顺序号”+“年号”。例如 DB 33/3001－2014 表示即食动物性水产品的浙江省地方标准，适用于以鱼类、甲壳类或头足类水产品为主要原料制成的预包装即食动物性水产品。

省、自治区、直辖市行政区代码前两位

DB 33/3001-2014

地方标准编号　顺序号　年号

企业标准是对企业范围内需要协调统一的技术要求、管理要求和工作要求所制定的标准。企业标准由企业制定，企业法人代表或法人代表授权的主管领导批准发布。已有国家标准或者行业标准的，国家鼓励企业制定高于国家标准或者行业标准的企业标准，适用于企业生产。

第二节　感官检验

水产品的感官检验是通过人体的视觉、嗅觉、味觉、听觉和触觉来评价水产食品优劣的一种科学方法。即通过眼观、鼻嗅、口尝、耳听及手触等方式，对水产食品的色、香、味、形进行综合性鉴别分析，并结合统计学的方法，最终对水产食品的品质做出合理评价。

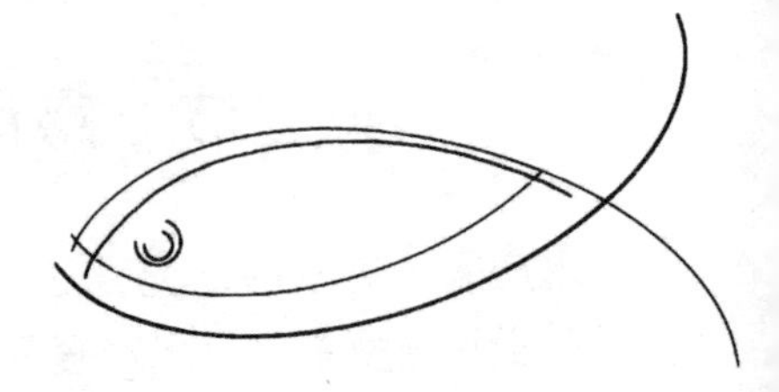

那感官检验的生物学基础是什么呢？原来我们身上有一种细胞叫做“感觉细胞”，可以感应适宜的刺激并能把这种刺激转换为某种信号通过神经传达到大脑，再在大脑皮层形成各种反映。感觉一般分为三种，包括视、听、嗅、味等在内的特殊感觉就是其中的一种，此外还有躯体感觉和内脏感觉。

感官还具有以下几个特征，一是一种感官只能接受和识别一种刺激；二是只有刺激量在一定范围内才会对感觉器官产生作用；三是某种刺激连续施加在感觉器官上一段时间后，会产生疲劳（适应）现象，感觉器官灵敏度随之明显下降；四是心理作用对感觉器官识别刺激有影响；五是不同感觉器官在接受刺激时，会相互影响。

人类具有多种感觉，其中视觉、听觉、触觉、嗅觉和味觉是五种基本感觉，此外还有温觉、痛觉、疲劳等多种感觉。按照检验时所借助的感觉器官，感官检验可分为视觉检验、嗅觉检验、味觉检验和触觉检验。除了检验以外，在日常生活中我们同样可以借助我们的感觉器官来辨别真假水产品。

常言道“耳听为虚眼见为实”，在进行水产品挑选时，视觉检验是我们最直观的方式。不同的水产品有着各自特有的颜色，而且水产品呈现的这种颜色与其自身的新鲜度、成熟度均有关。这就为视觉检验提供了依据，人们常常用这种方法在市场上挑选梭子蟹、河蟹等甲壳类水产品。

梭子蟹

眼观过后，我们可以通过触觉进一步检验水产品的新鲜度，如鱼肉表面发黏，则说明鱼肉已经不新鲜；如果感觉有弹性且肉质不散，说明是新鲜的。此外，我们同样可以利用嗅觉来辨别水产品的优劣，新鲜正常的水产品闻起来应该有一种特有的海腥味。当然，在食用烹饪好的水产品时，也可以通过口感来辨别新鲜度。

鱼类水产品的感官检验主要包括以下方面，一是观察鱼眼角膜是否清晰光亮，眼球是否饱满、是否有下陷或周围是否有发红现象；二是观察鱼鳃鳃稣色泽是否鲜红，是否有不正常黏液分泌，是否有异味；三是观察鱼鳞是否完整，附着是否牢固；四是观察鱼体腹部是否正常，肌肉是否坚实有弹性。

新鲜的活鱼冰冻后眼睛明亮、角膜透明、鳍展平张开、鳞片上覆有冻结的透明黏液层，皮肤天然色泽明显；死后不新鲜的鱼再冰冻后鱼鳍紧贴鱼体，眼睛不突出，有的出现口及鳃张开，皮肤颜色较暗，与新鲜的活鱼冰冻后的特征完全不同。我们可以通过这种差异来区分冻结鱼的新鲜与否。

第三节　物理检验

物理检验是我们在水产食品中常用的检测方法之一。常规的物理检验主要包括规格、杂质、温度和质量四个大类，同时也涉及质构测定、色差检测、酸度测定等。随着现代科学的发展和人们对快速检验技术的需要，智舌、智鼻等快速检测技术逐渐发展起来，并已应用于水产品的物理检验。

温度
酸度测定
规格
智舌
物理检验
智鼻
质量
质构测定
色差检测
杂质

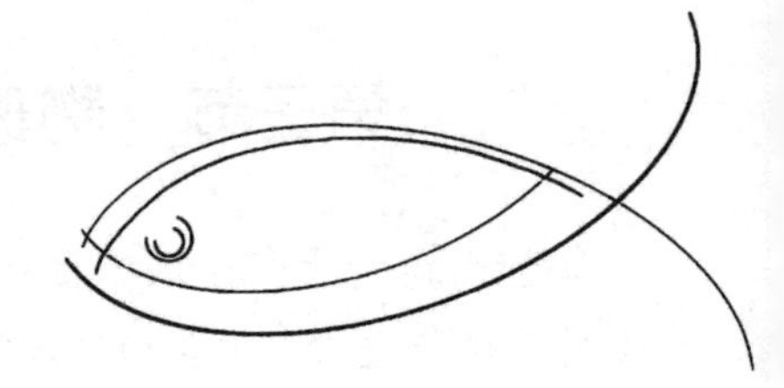

物理检验中的产品规格主要包括切割规格、长度规格和数量规格三种。如鱼体切割要求整齐，类型有整条、去内脏、鱼段、碎肉等之分。鱼类长度检测要求准确，测量时将整条鱼放置平整，用工具从吻端沿侧线测量至鱼鳍末端。冻虾仁产品可以采取数量规格检测，常表示为每千克虾仁含有的只数。

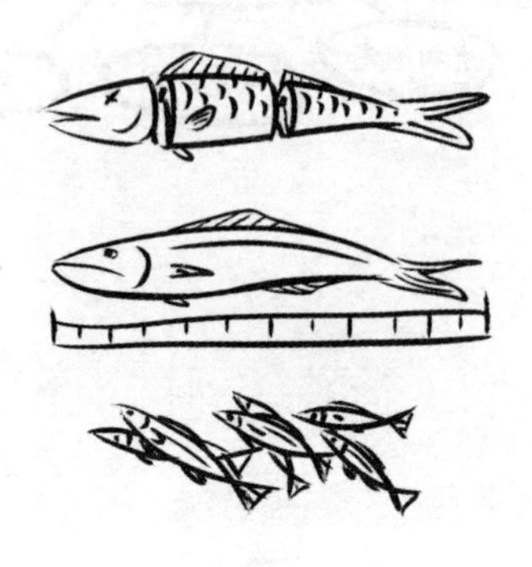

杂质一般指水产品本身不应该有的夹杂物或外来杂物。如在购买冻虾仁时可能夹杂的虾壳、虾须等，均可被认为是夹杂物。而外来杂物主要是以昆虫、苍蝇等为代表的动物性杂质，以有害的植物种子、纸片等为代表的植物性杂质以及以玻璃、金属片、塑料等为主的矿物性杂质三类。一般采用目测方法检验，必要时可以借助使用放大镜或显微镜检验确定。

温度是影响水产品质量的重要因素，水产品贮藏、运输过程中温度的实时测定对了解产品品质具有重要的意义。常用的温度单位有摄氏温度和华氏温度两种。摄氏温度和华氏温度可以互换，公示为 $T_c = 5/9 \times (T_F - 32)$ 和 $T_F = 9/5 \times (T_c + 32)$。式中 T_c 表示摄氏温度（单位：℃），T_F 表示华氏温度（单位：℉）。

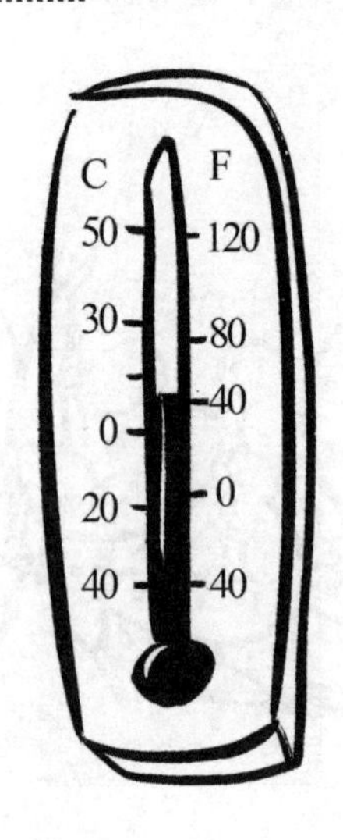

质量，即日常讲的重量，也是产品品质中一项重要的指标。质量检验时，常用毛重、皮重和净重来表示。其中，毛重指的是货物本身的质量加上包装材料的质量；皮重是指包装材料的质量；净重就是货物的毛重减去皮重后所得的货物实际质量。大部分产品的买卖都是以净重计价。

如果我们想了解水产品的弹性、凝胶性、咀嚼性、回复性等食用特性，就需要借助于一种叫做“质构仪”的仪器了。这种仪器主要由主机、专用软件、备用探头及附件组成，已经成为高校、科研院所、食品企业、质检机构等实验室研究包括水产品在内的食品物性学的有力分析工具。

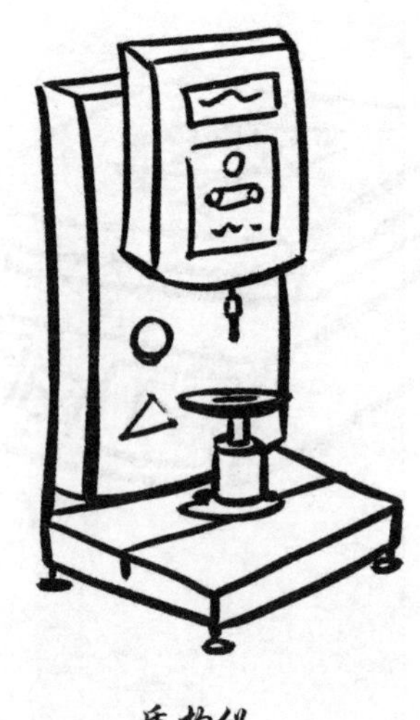

质构仪

质构仪的工作原理是当探头与水产品待测物接触后，通过压力感受器感受压力，并将力信号转化成电信号，专用软件对电信号进行选择和分析后，获得数据并绘制过程曲线，得出有效的物性分析结果，最终评判水产品的硬度、弹性等指标。对于不同形状和要求的水产品，可以有多种探头选择，使用简单。

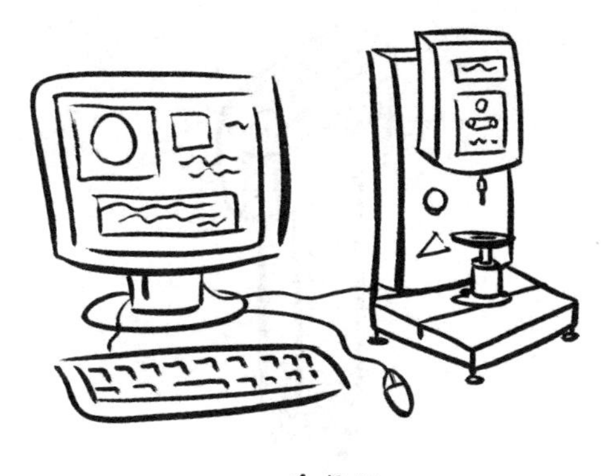

质构仪

水产品在贮藏过程中，表现出来的色泽在亮度、纯度等方面会有所改变，这种变化可以用另一种叫做“色差仪”的仪器很好地进行反映。例如，对鱼体进行色差检测的时候，可以在鱼体腹部和背脊两侧等距离扫描，进一步分析得出待测样品在贮藏过程中的色泽变化，但应注意测定过程中环境温度的变化对测量结果可能会造成的影响。

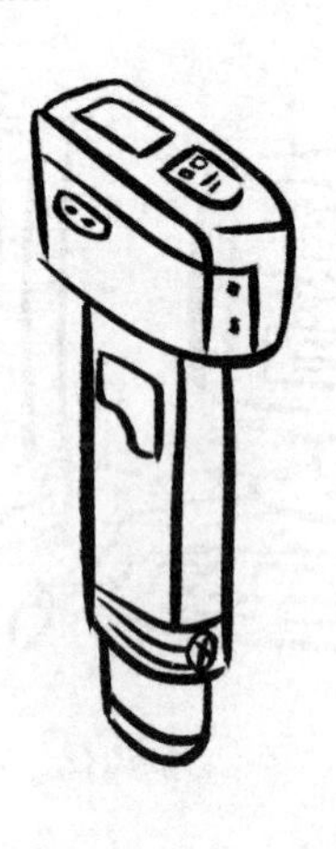

色差仪

酸度是食品重要品质指标之一，食品中大多是以苹果酸、柠檬酸、酒石酸等为代表的有机酸。酸度可用 pH 值表示，pH 值等于 7 为中性，小于 7 则为酸性。pH 值小于 3 的食品会令人觉得难以下口，pH 值在 5 ~ 6 时，基本无酸味感觉。通常情况下，虾肉的 pH 值在 6.0 ~ 7.0，蟹肉为 7.0，蛤肉在 6.5 左右。

智舌又称为电子舌，由一系列传感器组成并配以合适识别模式的现代快速检测感官分析仪器，模拟人的味觉器官——舌进行定性和定量的味觉评价。智舌一般由传感器阵列、信号激发采集系统和多元数理统计系统构成，但在使用时须配合专家数据库，从而对样品进行更为科学准确的判断。

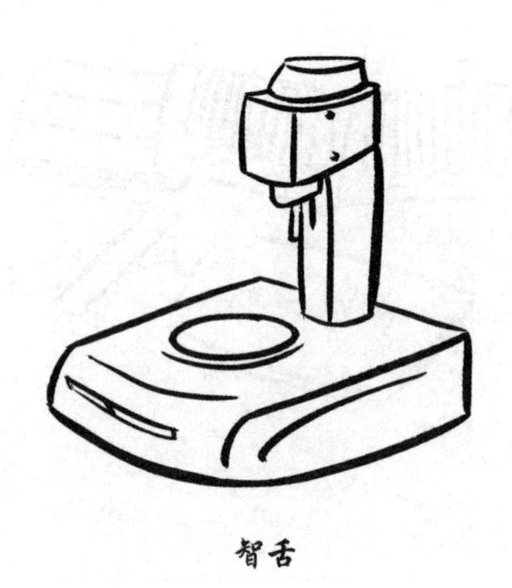

智舌

智鼻又称为电子鼻，是模拟人的嗅觉器官——鼻进行挥发性成分检测的一种新型快速智能感官分析系统。智鼻主要由气味取样操作器、气体传感器阵列和信号处理系统三种功能器件组成。识别气味的主要机理是在阵列中的每个传感器对被测气体都有不同的灵敏度，正是这种区别，才得以识别不同气味。

智鼻

第四节 常规化学检验

化学检验是除物理检验外另一种常见的水产品品质检验方法，它主要是根据物质的化学性质从而对其进行定性和定量的分析。化学检验是一种应用早而广泛的技术，水产品中蛋白质、重金属、有毒物质、农药残留等的检测等均可采用化学方法。

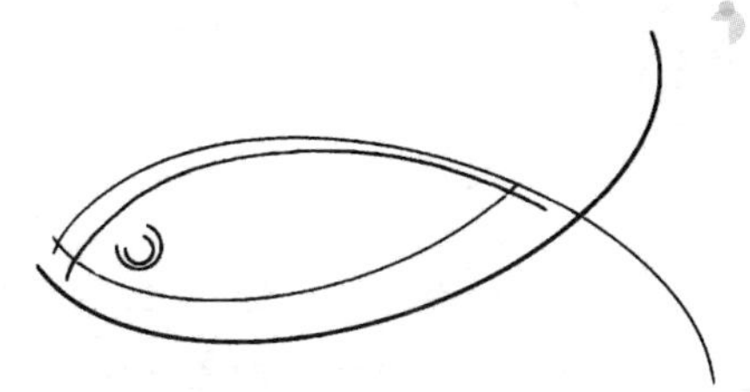

凯氏定氮法是蛋白质含量测定中最常用的方法，也是测定总有机氮的方法之一。它是通过测定样品中总含氮量再乘以相应的蛋白质系数而得出样品中蛋白质含量的。但是，由于样品中可能存在少量非蛋白质的含氮化合物，因此这种方法测得的结果通常也被认为是粗蛋白含量。

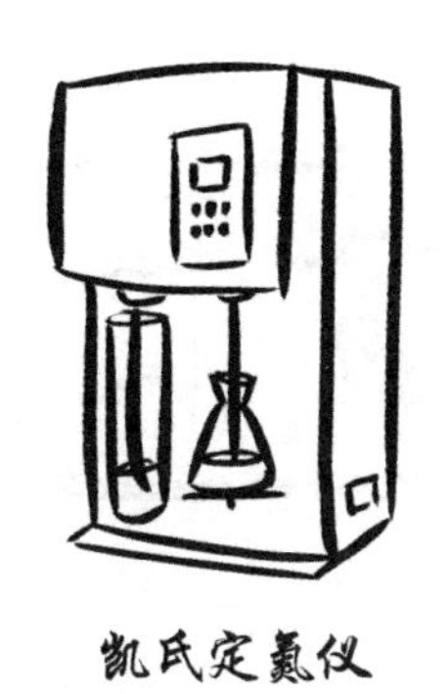

凯氏定氮仪

但是，仅凭氮元素的含量来计算蛋白质含量是存在一定缺陷的，如前几年出现的三聚氰胺事件，就是非法添加含氮量较高的三聚氰胺这一非蛋白质来弥补蛋白质含量的不足。所以，在参考蛋白质的含量时，不能单单只看表面的含量，而是应当多种指标综合考虑。

重金属是影响水产品安全的重要因素之一，因此我国水产食品卫生中对于砷、汞、铅、镉等重金属的含量均有限量。针对不同的重金属，可以通过采用不同的化学检验方法来测定其含量，如总砷含量测定可采用银盐法，总汞的测定可以采用冷原子吸收光谱法，铅含量的测定可采用二硫腙比色法。

农药残留也是影响水产品安全的重要因素之一，目前已经实现了有机磷及氨基甲酸酯类农药残留量的现场快速检测。这类检测依据主要利用了有机磷和氨基甲酸酯类农药对胆碱酯酶的抑制作用，通过借助分光光度计检测酶的水解产物含量来最终判断水产品中的农药残留量。

分光光度计

胆碱酯酶可催化靛酚乙酸酯（红色）水解为乙酸与靛酚（蓝色），有机磷或氨基甲酸酯类农药对胆碱酯酶有抑制作用，使催化、水解、变色的过程发生改变，由此可判断出样品中是否有高剂量有机磷或氨基甲酸酯类农药的存在。这就是农药残留快速检测卡的制作原理，目前该检测卡在农贸市场、超市等有广泛应用。

第五节　新鲜度测定

水产品的新鲜度对其本身的品质和原料的加工适性有着显著的影响，直接关系到处理和加工所利用的手段和方法，影响最终产品产值的高低。因此，对水产品新鲜度的测定具有重要的卫生学意义，可采用如上描述的感官检测法、化学检测法、物理检测法等来评判。

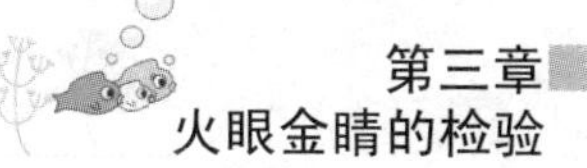

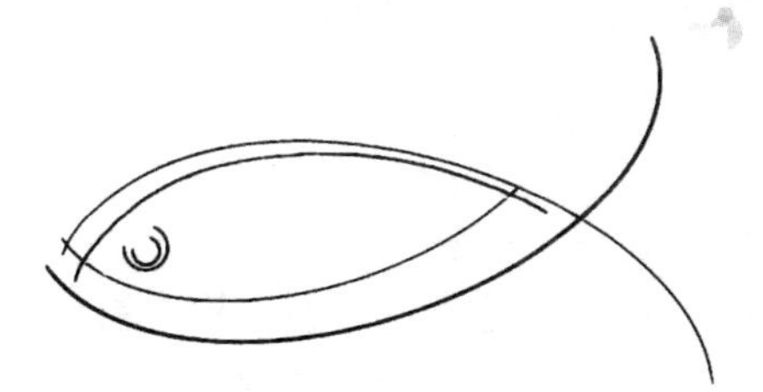

由于水产品的种类繁多，生产、运输方式又各不相同，再加上即使是同一条鱼的不同部位也存在差异，因此很难有统一的标准。日常对新鲜度的评定也多采用多个指标，通常情况下可结合选择感官评价、物理评价（色度、硬度、电阻）以及化学评价（挥发性盐基氮、K 值、三甲胺以及丙二醛）、微生物评价中的指标。

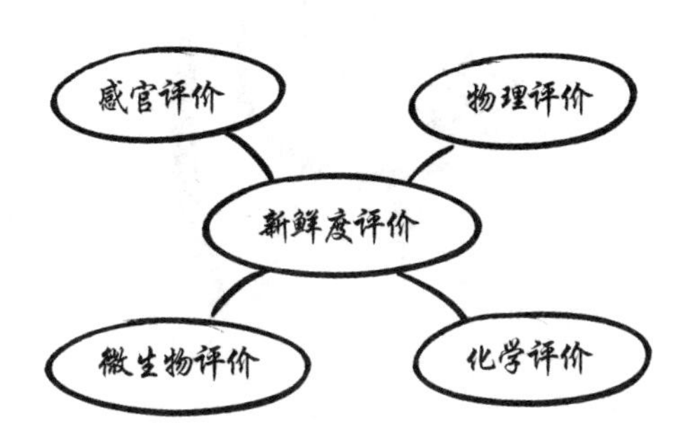

由于感官检验简单易行，水产品新鲜度的判定采用较多，主要用眼看、鼻嗅、手摸等方式。不同种类的水产品感官检验指标和方法不同，如贝类需要壳无破损和病灶，受刺激后足部可快速缩入体内并贝壳紧闭，无异味，外壳光洁亮泽，保持活体状态固有的体色等。

色度是产品的色调和饱和度统称，既可以说明产品的颜色类别，也可以描述颜色的深浅程度。随着现代技术的发展，利用色度来对食品等进行品质管理和测定变得更加方便和精确，由此也逐渐成为当今判断食品品质的重要指标。色度的测定可分为目视比色法和仪器测定法两大类。

目视比色法主要包括标准色卡对照法和标准溶液测定法两种。标准色卡对照法主要是将产品颜色与国际或国家出版的标准的色卡进行比对，从而确定产品的品质等级；标准溶液测定法主要用于液体颜色的对比，标准液一般用化学药品配制而成，如饮用水色度的测定就采用铂钴比色法。

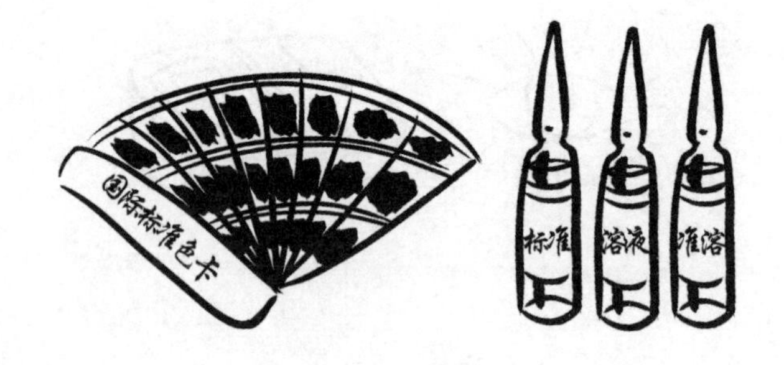

仪器测定法中最常用的是色度仪，通过测定食品的亮度（L），红或绿度（±a）以及黄或蓝度（±b）并以这三个参数表示食品颜色。也就是说，任何一种食品都有一组 L、a、b 值来描述它的色泽。L 值越大，表示产品亮度或澄清度较高；a、b 值表示色调调和度，a 为正（负）则为红（绿），数值越大，颜色越红（绿）；b 为正（负）则为黄（蓝），数值越大，颜色越黄（蓝）。

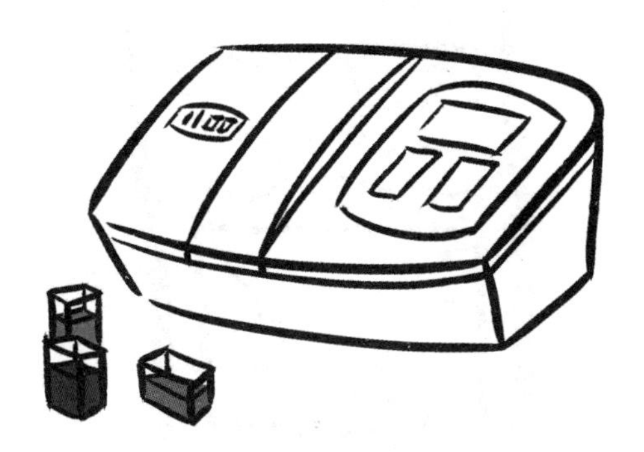

随着新鲜度的下降，鱼体的硬度会发生明显的变化，除了可采用硬度计测定鱼肌肉硬度的变化来判断它的鲜度以外，还可以通过鱼体僵硬指数测定方法来评价鱼类的新鲜度。鱼体僵硬变化与温度有很大关系，不同温度鱼体僵硬的速度不同，而且常见的经济鱼类也各有不同的僵硬指数曲线。这也造成该法在检测中会产生一定的偏差。

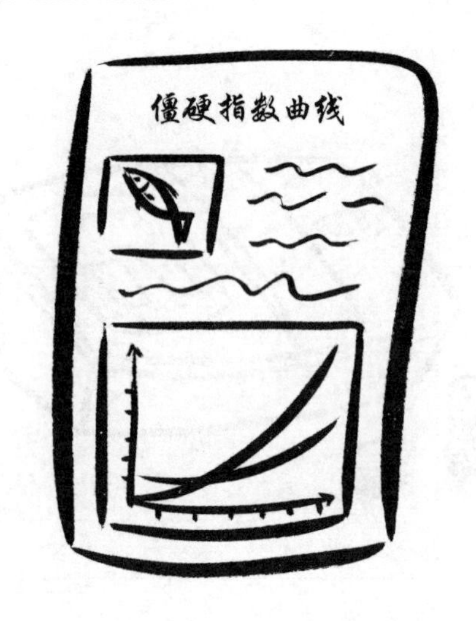

鱼体的电阻通常随新鲜度的下降而降低，利用这一现象，可根据鱼类电阻的变化大小来判断其新鲜度程度，使用简单。但同样因为鱼种的差异、个体的不同和温度的变化，电阻法的使用也会受到一定的限制，还不是一般都适用的评价方法，仍需要进一步完善。

新鲜度的化学评价主要是通过检测鱼贝类等水产品死后在其自身酶和部分微生物的作用下，以通过生物化学反应生成的化学物质为指示物或者检测对象，结合统计分析手段评价新鲜度的方法。相比于感官和物理评价，化学评价操作过程更复杂，但其结果也更加可靠。

挥发性盐基氮（TVB－N）是水产品在贮藏过程中，在内源酶和微生物的共同作用下，肌肉中的蛋白质分解产生的挥发性氨和胺类（伯胺、仲胺及叔胺等）等碱性含氮物质总称，因其挥发性而得名。在水产品卫生检验中常采用半微量蒸馏法、微量扩散法以及反射光谱法等测定挥发性盐基氮目前作为鱼类初期腐败的评定指标。鱼类死后初期，挥发性盐基氮的值一般较小；自溶阶段后期，挥发性盐基氮的值大幅度增加。国家标准中对挥发性盐基氮的值（mg/100g）进行了限定：新鲜的海水鱼应不大于30，淡水鱼应不大于20，河虾应不大于20，海蟹应不大于25。

鱼类的肌肉运动必须依靠一种叫三磷酸腺苷（ATP）的物质转化提供能量，而鱼体死后其体内的三磷酸腺苷按照下列途径逐步分解，分别经过二磷酸腺苷（AMP）、一磷酸腺苷（AMP）、肌苷酸（IMP）以及肌苷（HxR）和次黄嘌呤（Hx）等阶段。K 值就是以核苷酸的分解产物作为指标的新鲜度判定方法。

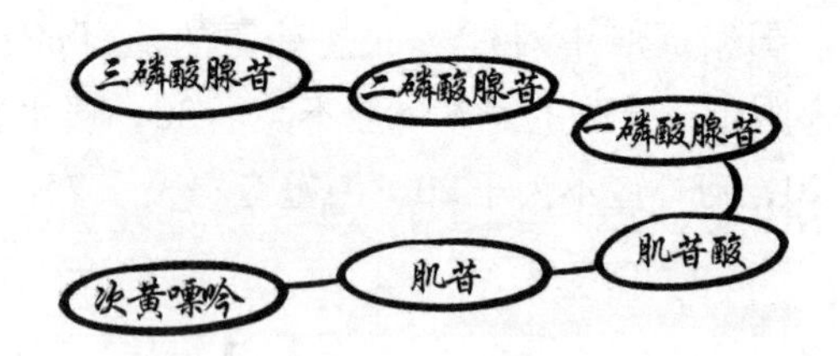

K 值是根据三磷酸腺苷降解到次黄嘌呤等以上六种相关的化合物分别进行定量而求得的相对值，是 ATP 的分解产物 Hx 和 HxR 占关联物总量的百分比（%），也就是说 K 值越小表明水产品的新鲜度越好。一般，优质新鲜鱼的 K 值在 20% 以内，可作为生鱼片食用；K 值不大于 60% 可以作为加工原料的新鲜鱼标准。

三甲胺（TMA）是鱼体内存在的氧化三甲胺（TMAO）经兼性厌氧菌的还原作用而产生的，具有难闻的鱼腥味，这也是腐败鱼腥臭味的主要来源。由于三甲胺的含量随鱼体鲜度的降低而逐渐增加，并且变化呈现一定规律性，因此也可以作为鱼新鲜度程度的判定指标。需要注意的是，因为淡水鱼体内氧化三甲胺含量很少，所以三甲胺含量一般不作为淡水产品的鲜度指标。

丙二醛（MA）是脂肪氧化的产物，虽然水产品的脂肪含量较少，但不饱和脂肪酸的比例较高，丙二醛适合作为海产鱼及部分脂肪含量高的淡水鱼鲜度的早期判定指标。判断水产品新鲜度的化学指标还包括组胺、吲哚、氨基态氮以及总氨等。至于微生物评价在水产品新鲜度测定中的应用将在下节讲述。

第六节　微生物检测

通常，我们选用菌落总数（CFU）来表示包括水产品在内的食品可能被细菌污染的程度，菌落总数越多，表明该食品受潜在细菌污染的可能性越大。什么是菌落总数呢？就是指在一定条件下（如确定的氧气、培养基、初始 pH 值、培养温度和时间等），每克（毫升）样品中能生长出来的细菌菌落的总数。

菌落总数

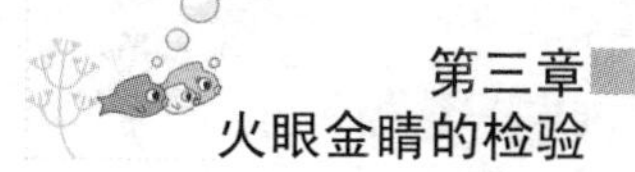

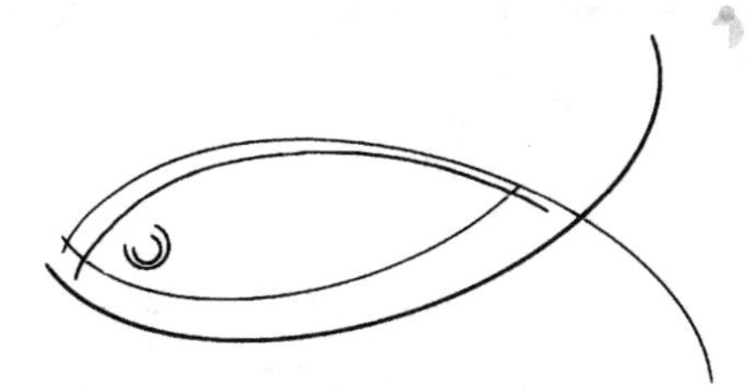

那如何来进行菌落总数的测定呢？一般情况下，需要在检测的产品上取样，并将样品前处理后稀释成适宜的浓度，然后从稀释液中分别取出1mL置于带有培养基的培养皿中，在一定温度下培养一定时间后，计数每个培养皿中形成的菌落数量，通过计算得到样品中所含可培养的菌落总数。

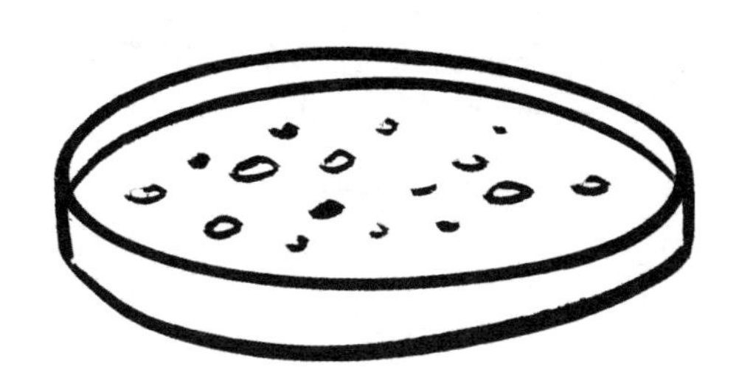

菌落总数测定过程中，样品稀释的浓度、培养的温度和培养时间都可以通过预实验来确定。针对不同的水产食品，菌落总数的测定分别有相应的国家和行业标准。随着生物技术手段和现代分析方法的发展，出现了菌落总数快速测定仪器，可以更加快捷地计算出样品中可培养的菌落总数。

菌落总数测定仪

大肠杆菌，又称为大肠埃希氏菌，是一种两端钝圆、能运动、无芽孢的革兰氏阴性短杆菌，由于其潜在的危害而被列为微生物检测的对象。检测时可以选用专用的培养基，通过大肠杆菌特有的生化反应和生理现象并结合革兰氏染色验证。结果以1g（或1mL）样品中大肠杆菌菌群的最大可能数（MPN）表示。

大肠杆菌

水产品中携带的对我们有害的致病菌包括沙门氏菌、志贺氏菌、金黄色葡萄球菌、溶血性链球菌、肉毒梭菌等。根据国家相关部门发布的水产食品检验标准，对检验过程中的样品取样、检样处理和检验方法三个环节进行了详细的规定，以确保检验结果的准确性和可靠性。

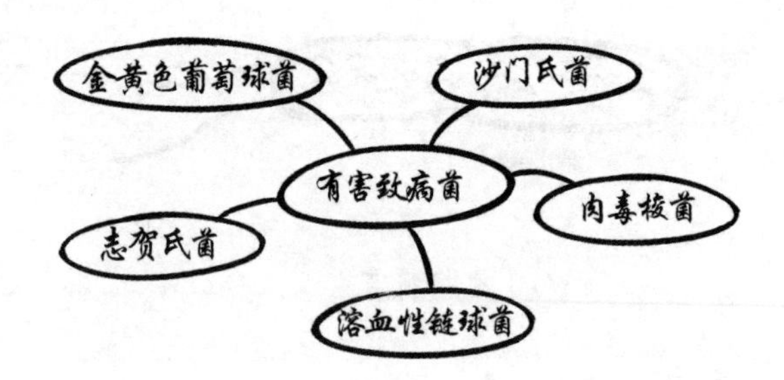

由于水产品可同时受到来自海洋和内陆细菌的污染，因此进行微生物检验时采用的检测方法和取样时选取的检验部位均应该以检验水产品肌肉内细菌含量为准，使最终的检测结果能真实反映出水产品的新鲜度等质量情况，确保消费者的食用安全性。

第四章 水产品选购策略

第一节 如何选购质优水产品

我国是渔业生产和出口大国，水产养殖产品总量占世界总产量的70%左右，水产品总产量连续20多年占据世界榜首，水产品出口数量也有10余年占据世界第一位。随着生活水平的提高，尤其是在沿海地区，水产品的消费量也逐年上升，已成为我国居民日常食物消费中极为重要的一部分。

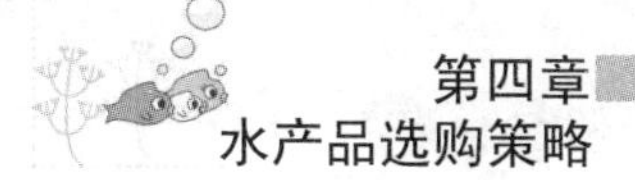

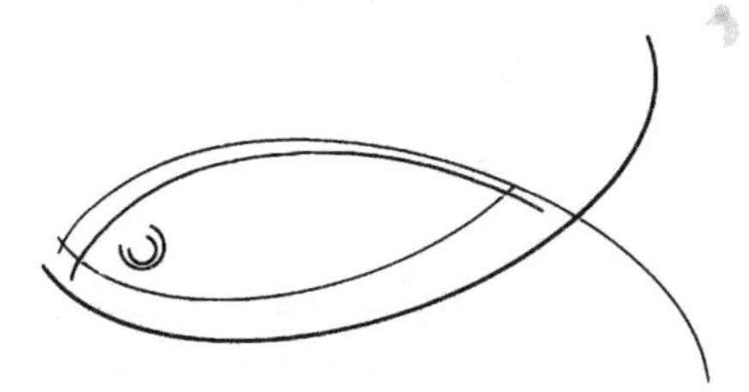

一方面，水产品营养丰富，鲜美可口，消费者对水产品数量和质量的要求显著提高；另一方面，由于水产品本身的特性，如蛋白质和水分含量较高，脂肪及其他矿物元素含量也比较丰富，因此相对于其他食品容易腐败变质。由此看来，如何选购鲜活水产品就显得尤为重要。

选购新鲜鱼时可以参考的标准为：鲜鱼体色光泽，黏液透明；鳞片完整，紧贴鱼体不易剥落；鳃盖紧闭，鳃丝呈鲜红或紫红色，无异味；眼球饱满，角膜光亮透明；肌肉坚实，富有弹性，手指压后凹陷立即消失，肌纤维清晰有光泽；腹部正常没有鼓胀，肛门凹陷。

选购冰冻鱼时应注意的是活鱼冰冻后眼睛明亮，角膜透明，眼球隆起填满眼眶或略外突，鳞片上有透明黏液层，皮肤天然色泽明显；死后冰冻的鱼鱼鳍紧贴鱼体，眼睛不突出；中毒和窒息死后冰冻的鱼口及鳃张开，皮肤颜色较暗；严重腐败后冰冻的鱼缺乏活鱼冰冻后的特征，采用工具穿刺鱼肉有异味。

选购咸鱼时可观察鱼体外观是否正常，条形是否完整，外表有无脂肪氧化所引起的泛油发黄（嗜盐细菌大量繁殖引起的表观现象），用手触摸鱼体来判断有无黏糊腐烂的现象。质量好的咸鱼肉质坚实，用手指捏揉时不成面团样，无霉变、发酸、虫蛀、发臭等现象，不新鲜咸鱼的鱼体大多不清洁。

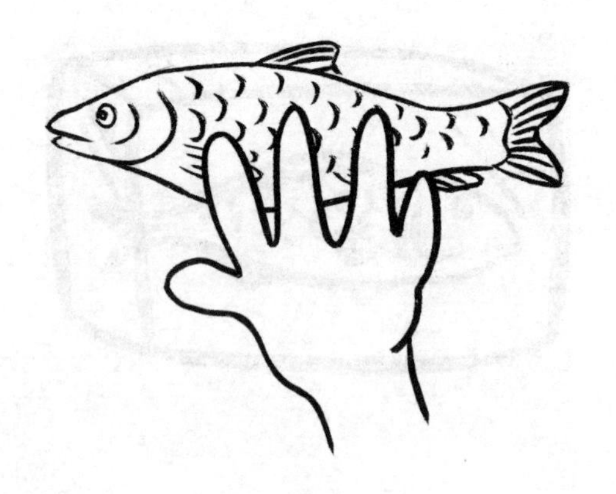

虾是许多人钟爱的美食，在挑选新鲜虾时，应尽量挑选体形完整，外壳透明光良，体表呈青白色或青绿色的虾。此外，虾须、足无损伤，肉体硬实，无异常气味也是新鲜虾的外在表现。变质的虾则会表现为外壳暗淡无光、体色泛红、肉质松软，甚至甲壳与虾体分离；严重腐败变质时还伴有强烈的氨臭味。

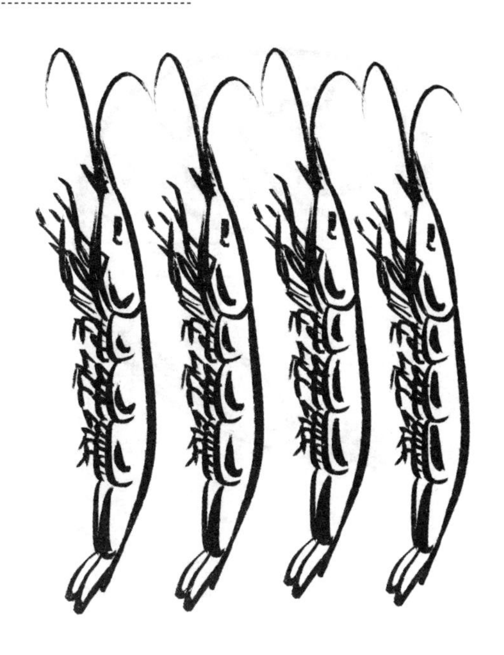

虾仁菜肴系列深受食客喜爱，而优质虾仁是相应菜肴制作成功的最基本条件。如何挑选虾仁呢？优质虾仁一般呈淡青色或乳白色，前端粗圆，后端尖细，呈弯钩状，色泽鲜艳，肉质清洁完整，略带虾特有的腥味；劣质虾仁色泽发红，并带有酸臭味，肉体不整洁，肌肉组织松软。

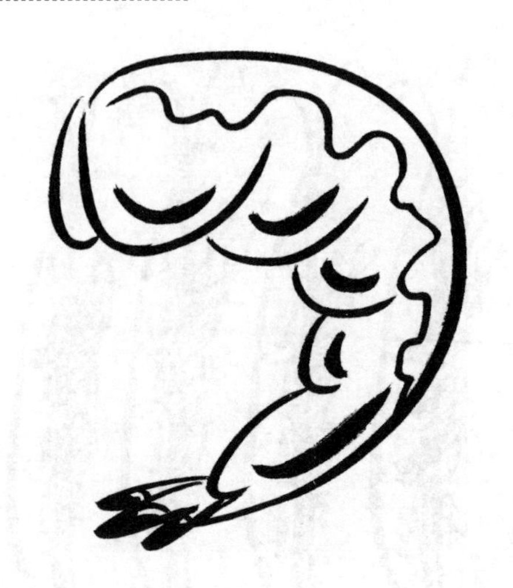

螃蟹由于肉质鲜美备受人们喜爱。但是，由于死蟹体内可含有大量细菌和分解产生的有害物质，因此食用后容易引起食物中毒。所以，选购时应选择灵活好动，易翻身，腹面甲壳较硬的蟹为上；明显萎靡不振，不愿爬行，翻身困难，腹面甲壳较软的蟹或已经死掉的蟹，建议慎重购买。

醉蟹和腌蟹也常常是人们喜爱的水产食品。优质的醉蟹和腌蟹外表清洁，甲壳坚硬，蟹黄呈深黄或淡黄色，肉质致密，咸度均匀适中并伴有醉蟹和腌蟹特有的香味。而变质的醉蟹和腌蟹则表现为四肢松弛易脱落，蟹黄多呈液体状，肉黏糊有臭味，不宜食用。

人们日常食用且味道鲜美的贝类包括蛤、牡蛎、蛏等。活的贝类贝壳紧闭，不易揭开，当两壳张开时稍加触动就又会立刻闭合；已死亡的贝类无此反应，并且剖开后，内部水汁浑浊，贝肉干瘪，带有腐败臭味。购买冰冻贝类海鲜，应检查冰冻贝类的包装，如果包装袋上有过多的霜冻，则意味着已冰冻了很长时间。

食用贝类还应当注意的是寄生虫污染，特别是沿海有生食贝类习惯的“吃货”。这是因为贝类常常是某些寄生虫的主要寄主，如果生食或者烹饪不当就会引起寄生虫感染人的事件发生。当误食某一类致病性高的寄生虫如血吸虫时，可严重影响食用者的健康和安全。因此，建议在食用前应蒸熟、煮透食用贝类。

第二节 如何选购干制水产品

食品干制保藏是一种古老的食品保藏方法，早在两千多年以前，就已经出现利用日晒、风干等来保存食物的自然干燥法。那么，什么是干制水产品呢？水产品原料直接或经过腌渍、预煮后在自然或人工条件下干燥脱水的过程我们称为水产品干制加工，通过这一过程得到的产品就称为“干制水产品”。

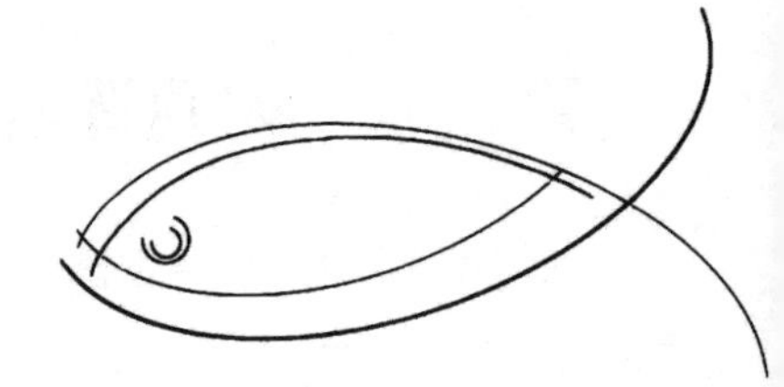

干制水产品根据干燥前的处理方法和干燥工艺的不同又可以分为生干水产品、煮干水产品、调味干制水产品等。这些干制水产品被加工成各式各样的休闲食品，携带方便、味道鲜美，深受人们的喜爱。常见的干制水产品就有鱿鱼干、鱼肚、紫菜干、虾米、虾皮、干贝、调味鱼片干等。

生干水产品习惯上又称为淡干制品，是由生鲜水产品原料直接干燥而成，其原料的组成、结构、性质变化小，水溶性营养成分流失少，能较好地保持原有的风味和良好的色泽。原料多为体型小、肉质薄且易迅速干燥的鱼、虾、紫菜和海带等，主要产品有鱿鱼干、干紫菜、虾干、干海带和鱼肚等。

鱿鱼干主要产自我国的广东、福建等地。其中以九龙吊片和汕头鱿鱼最为著名，是海产八珍之一。立夏后是捕捞鱿鱼和枪乌贼及加工鱿鱼干上市的旺季。选购鱿鱼干时先以味道来判断，闻起来不要有刺鼻的霉味，体形完整、光滑洁净、口感清爽的为好。

紫菜是人们日常生活中常见的干制海产品，蛋白质和脂肪成分所占比例较高，还含有多种无机盐，具有很高的食用价值和营养价值。在选购干紫菜时应注意，优质干紫菜应为淡干品，厚薄均匀，表面有光泽，无杂质，一般呈紫褐色或者紫红色，小片入口后感觉柔嫩，有紫菜特有的香味。

虾干，顾名思义由新鲜活虾直接晒成的干制品。选购时首先看虾干外观是否完整，虾体亮白透红有光泽，肉质紧密，虾身弯曲为好；未加色素的虾干外壳微红，虾肉呈黄白色，添加色素后则皮肉均呈红色。其次可用鼻嗅，优质虾干无任何刺鼻气味。最后，可稍加品尝，咀嚼后，鲜中带甜的为上品。

煮干品又称熟干品，指鱼、贝、虾等原料经煮熟后再干燥制成的产品。煮干加工主要适用个体相对较小、水分较多、扩散蒸发较慢、容易变质的小型鱼、虾和贝类。煮干制品主要包括虾米、虾皮、干鲍、鱼翅、海参等，部分制品经济价值较高。

虾米又名海米，是用鹰爪虾、脊尾白虾等加工的熟干制品，是著名的干制海味品，具有较高的营养价值。优质虾米呈黄色而有光泽，虾体无搭壳现象，虾尾部分一般向下蜷曲，肉质紧密坚硬，无异味；变质虾米碎末较多，表面暗淡无光，呈灰白至灰褐色，肉质酥软如石灰状，有霉味。

虾皮也是人们喜爱的干制水产品，当然，它不是虾的皮，而是一种小虾（如中国毛虾）晾晒而成的水产品。优质虾皮呈淡黄色有光泽，尾部弯如钩状，虾眼齐全，头部和躯干紧连，用手紧握一把松开后能自动散开。而劣质虾皮外表暗淡无光，碎末较多，呈苍白或淡红色，有严重霉味。

鱼翅作为八珍之一，是利用鲨鱼的鳍加工而成的海产珍品。实际上，食用的就是鲨鱼鳍中的细丝状软骨，形状如同粉丝。鱼翅是比较珍贵的烹调原料，但是单纯从营养价值角度来分析，鱼翅的营养价值并不高。此外，由于鲨鱼处于海洋食物链的顶端，其体内可能还富集重金属。随着动物保护的兴起，一些禁止捕鲨的法律已经颁布。

调味干制水产品指原料经调味料拌和或浸渍后干燥，或先将原料干燥至半干后浸调味料再干燥而成的制品。原料来源有海产软体动物或价值较低的鱼类，如鱿鱼、海带和紫菜等，可加工成鱼松、调味海带、香甜鱿鱼干、调味紫菜等。调味干制品具有保藏时间长、风味良好、可直接食用等特点。

干制水产品在保藏过程中应尽量避免与空气和水分接触，一旦制品吸湿就会给腐败微生物提供可能的生存和繁殖环境，从而引起产品腐败变质。因此，在选购干制水产品时也要注意保藏环境，尽量选择在低温和防潮环境下保藏的产品，以保证产品的质量。

第三节　如何选购鱼糜制品

鱼糜制品在我国有着悠久的历史，因具有高蛋白、低脂肪、营养丰富、来源广泛、食用方便等特点深受消费者喜爱。市场上常见的鱼糜制品有鱼丸、鱼糕、鱼肉香肠、鱼卷、油炸鱼糜制品、模拟蟹肉等。随着冷链运输和贮藏的日渐完善，鱼糜制品的发展前景更加广阔。

鱼糜制品

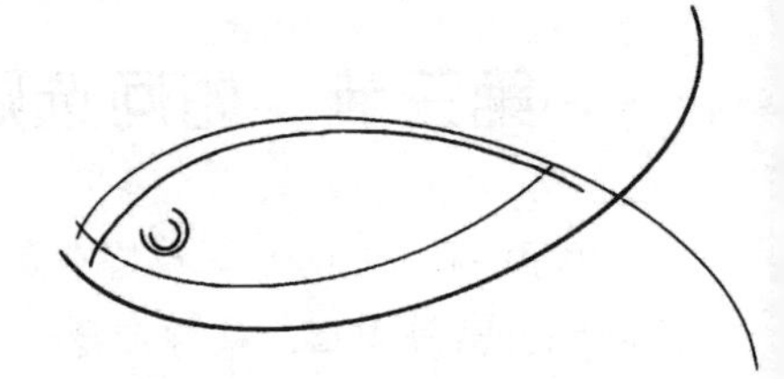

鱼丸是我国最具代表性的传统鱼糜制品，有水发和油炸两种口味，以福州鱼丸、鳗鱼丸、花枝丸最为出名。优质的水发鱼丸呈白色略带淡黄，大小均匀，表面光滑，有良好的弹性，轻压而不破，煮食而不散；具有鱼肉特有的鲜味、气味，口感细嫩、爽滑。可以根据以上特点进行选购。

鱼糕据说发源于春秋战国时期的楚国地区，也就是今天的湖北省宜昌至荆州一带，又称为楚夷花糕。在购买鱼糕时，应挑选形状完整、表面光滑、富有弹性的产品，并可通过轻嗅判断是否具有鱼糕所特有的味道，若发现有异味或者霉味则不应购买和食用。

鱼肉香肠的加工历史虽然不长，却已经成为我们喜爱的佳肴。鱼肉香肠是以鱼肉为主要原料，配以辅料及添加剂，灌装在肠衣内制成，具有耐贮藏、流通方便、食用简单等特点。购买时应注意香肠是否饱满，两段封口是否完整，内容物应色泽良好，肉质柔嫩。

鱼卷也是一款特色的鱼糜制品，据说含有祝愿美好圆满的意思，主要原料为精选优质鱼，可直接食用或者切成片状调菜食用。高质量的鱼卷，入口柔润清脆，咀嚼时齿颊留香，既看不到鱼肉，又不含腥味。选购鱼卷时，注意仔细观察选择正规厂家生产的产品。

油炸鱼糜制品属于精深加工的鱼糜制品，配以辅料成型油炸而成，因配料方便，口味独特，价格便宜而深受广大消费者青睐。油炸鱼糜制品显金黄色，大小均匀，具有油炸制品特有的香脆感，闻起来应无异味，这也是我们选购所要关注的几个方面。

模拟蟹肉又称“仿蟹肉腿”或“蟹足棒”，是以狭鳕鱼鱼糜为原料，辅之以淀粉、砂糖、调味料等配料，经斩拌、蒸煮、烤制等多道工序加工而成。优质的模拟蟹肉无论在外形、色泽还是风味和口感上均可与天然品媲美，而且富含维生素和无机盐，营养丰富。选购时可以参照天然蟹肉。

弹性的强弱是衡量鱼糜制品质量等级的一个重要指标。鱼肉在经过采肉、漂洗、擂溃等工艺后，会自发形成一定的凝胶强度和弹性。但不同的鱼种之间或者同一鱼种经不同加工工艺制成的产品之间都会存在弹性上的差异。究竟有哪些因素可以影响鱼糜制品的弹性呢?

鱼的种类不同，相应鱼糜的凝胶形成就会有较大差异，继而导致鱼糜制品弹性强弱的差异。一般而言，淡水鱼比海水鱼弹性差，软骨鱼比硬骨鱼弹性差。这种因鱼的种类不同而造成的凝胶形成差异，一方面与肌原纤维蛋白的稳定性不同有关，另一方面与肌肉中所含盐溶性蛋白含量以及酸碱度在死后的变化有关。

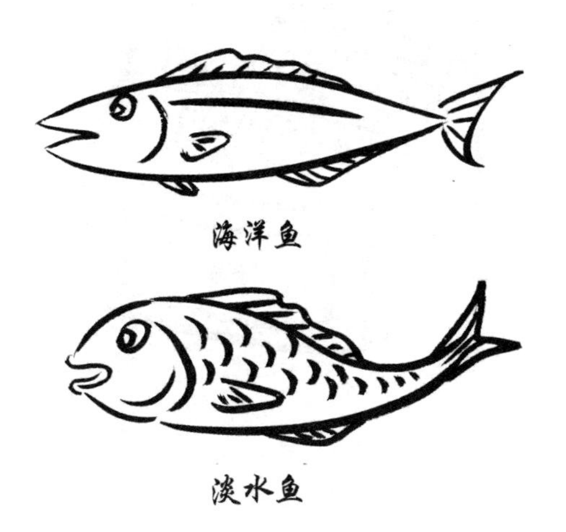

鱼糜制品的弹性还与原料鱼的新鲜度有关。一般而言，鱼体的新鲜度下降，其凝胶形成能力和相应的鱼糜弹性也随之下降。这主要是肌原纤维蛋白质变性引起的。因此，用来制作鱼糜制品的原料鱼在捕获后也应确保其在贮藏、运输、处理全过程中都处于一个相对低温的环境，以减缓弹性下降的速度。

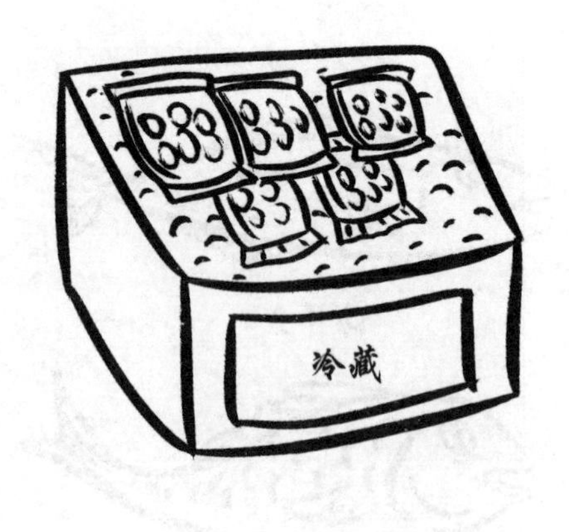

鱼糜漂洗与否同样会影响制品的弹性。经过漂洗的鱼糜，其化学组成成分与未漂洗之前相比发生了显著的变化，主要表现在水溶性蛋白质、灰分和非蛋白氮含量的大量减少。因此，鱼糜制品在生产过程中需要不断改善加工工艺和相应工艺参数，提高最终产品的弹性指标。

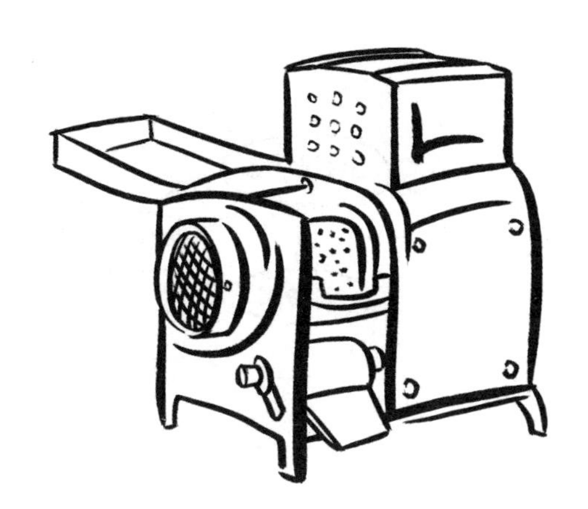

第四节　其他水产品的选购

水产品的腌制是一种传统的加工方法，由于特有的风味同样受到消费者的喜爱。水产腌制品主要包含盐腌制品、糟腌制品和发酵腌制品三大类。盐腌水产制品是在水产品中加入食盐或将水产原料浸入食盐水中加工得到；糟腌水产制品是在食盐腌制的基础上，通过使用酒酿、酒糟等腌制而成；发酵腌制品则是在盐渍过程中，凭借产品自然发酵或人工添加发酵剂等辅助材料加工所得。

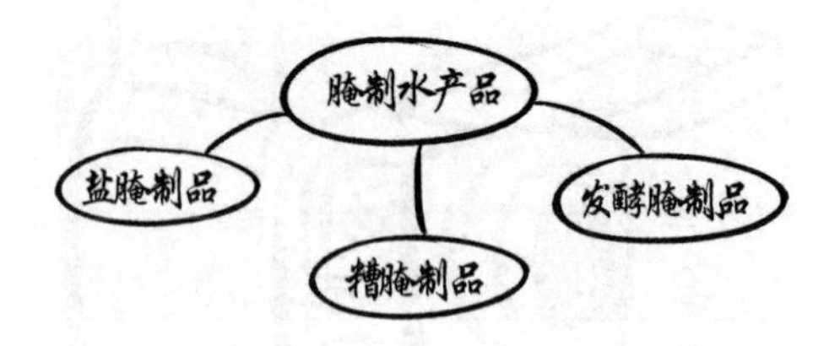

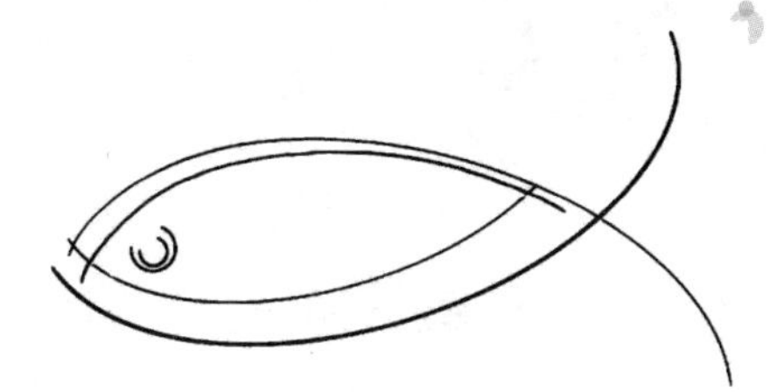

咸带鱼是我国沿海地区传统的咸鱼产品之一。生产咸带鱼一般采用倾斜排列盐渍的方法，原料鱼不剖割，洗净加盐，鱼头倾斜向下放置，整齐堆叠在容器中，一层鱼一层盐。优质的咸带鱼鳞皮完整光亮、形体平直、风味较佳；劣质制品大多形体弯曲、鳞皮脱落。

海蜇皮也是一款深受消费者喜爱的水产品，因海蜇体内含水量高，故传统腌制过程中都会在食盐腌制的基础上加入一定比例的食用添加剂来加速脱水腌制，同时形成海蜇皮特有的口感。品质较高的海蜇皮呈淡黄色或白色，海蜇头呈淡红色，形态完整，肉质坚脆，风味独特。

糟腌水产制品多以草鱼、青鱼、海鳗等为原料鱼，以酒酿、砂糖、花椒作为腌浸材料，原料剖割洗净后经过食盐腌渍、风干晒干、糟渍、装坛、加腌浸材料封口等一系列工艺操作制作而成。利用这种方法制得的糟醉鱼色泽红润，有光泽；伴有浓郁的酒香味；肉质结实，味道鲜美。选购时也可以参照这个标准。

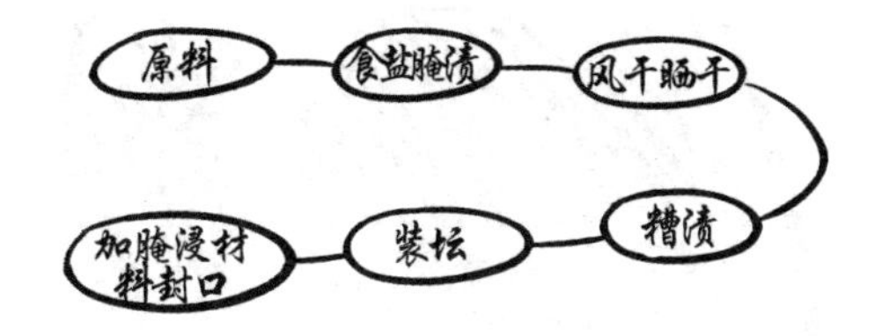

发酵腌制品是利用盐渍防腐，并借助于水产品机体原有酶及微生物酶的分解作用得到的具有独特风味的制品，我国的虾酱，糟渍草鱼、青鱼等。水产的腌制品和发酵制品之间没有绝对的界限。糟青鱼是川菜中一道传统名菜，糟香扑鼻，汤清味鲜，以肉质硬，色红润，香味足为上品。

糟青鱼